乡村振兴·农民教育培训系列教材

冷凉蔬菜

产业绿色发展与栽培技术

靳军良 王 峰 ◎ 主编

中国农业科学技术出版社

图书在版编目（CIP）数据

冷凉蔬菜产业绿色发展与栽培技术 / 靳军良，王峰主编 .—北京：中国农业科学技术出版社，2020. 8

ISBN 978-7-5116-4801-3

Ⅰ. ①冷…　Ⅱ. ①靳…②王…　Ⅲ. ①蔬菜产业-产业发展-研究-固原　Ⅳ. ①F326. 13

中国版本图书馆 CIP 数据核字（2020）第 152695 号

责任编辑　白姗姗
责任校对　马广洋

出 版 者　中国农业科学技术出版社
北京市中关村南大街 12 号　邮编：100081
电　　话　(010)82106638(编辑室)　(010)82109702(发行部)
(010)82109709(读者服务部)
传　　真　(010)82106650
网　　址　http://www.castp.cn
经 销 者　各地新华书店
印 刷 者　北京富泰印刷有限责任公司
开　　本　880mm×1 230mm　1/32
印　　张　9. 375　彩插　64 面
字　　数　270 千字
版　　次　2020 年 8 月第 1 版　2020 年 8 月第 1 次印刷
定　　价　39. 80 元

《冷凉蔬菜产业绿色发展与栽培技术》
编 委 名 单

主　编：靳军良　王　峰

副主编：白生虎　苏存录　吴雪梅　程国昌
朱爱芳　宁新妍

编　委：（按姓氏笔画排序）

王　峰　王淑芳　方　程　石进军
白生虎　伏小刚　安秀玲　李学智
李春燕　李耿弼　李碧霞　陈　龙
苏存录　何宪平　辛　娟　吴雪梅
刘晓梅　杨生智　杨泉润　杨晓冬
虎芳芳　张　刚　张学让　张　勇
罗学君　晏成虎　程国昌　靳军良
谢国豫　戴国鹏　戴莉莉　薛志娟

序　言

固原市地处六盘山东麓，宁夏回族自治区南部，是红色革命老区、少数民族聚居区，但由于自然资源相对匮乏，固原也是我国集中连片特殊困难地区，是我国西部精准扶贫的主战场。党中央、国务院高度重视关怀。如何因地制宜，通过发展产业带动全市农村人口脱贫致富，一直是困扰固原政府和百姓的大难题。

通过近四十年的摸索，利用固原夏季冷凉气候资源发展高原夏季冷凉蔬菜被实践证明是一条准确的道路，固原市委市政府审时度势，以市场为导向，组织专家在认真调研基础上，对全市冷凉蔬菜产业绿色可持续发展进行科学规划，同时发挥科技引领作用，全面总结和整市推进冷凉蔬菜绿色标准化建设，固原土豆、芹菜、辣椒等产业稳步发展，解答了困扰固原百姓的农业产业发展历史难题。

《冷凉蔬菜产业绿色发展与栽培技术》一书系统回顾了固原商品蔬菜产业发展历程，重点收录了固原市高原冷凉蔬菜产业主要发展规划，总结了固原市主产蔬菜标准化生产技术规程，并有丰富的配图。全书言简意赅，通俗易懂，图文并茂，对固原冷凉蔬菜产业发展进行了全面解读，对指导固原市及西部高原地区农业产业发展、精准扶贫和乡村振兴都有重要借鉴价值，值得广大冷凉蔬菜产区干部群众阅读。

国家大宗蔬菜产业技术体系高山蔬菜岗位专家

湖北省农业科学院首席科学家　邱正明

2020年6月21日

序言

前　言

冷凉蔬菜作为固原市农业优势产业之一，发展历史悠久，区域特色明显，经济效益显著，是固原人民脱贫致富奔小康的主要依托。固原在夏季冷凉、洁净、无污染环境下生产的农产品备受全国各地市场青睐。以辣椒、芹菜、菜心、西蓝花、娃娃菜、蒜苗、洋葱、胡萝卜等为主导的产品，主供华北、华中、华南、西南诸省的夏淡蔬菜市场，部分远销中国香港和马来西亚、阿拉伯联合酋长国、沙特阿拉伯等国家和地区。目前固原市冷凉蔬菜种植面积50万亩，年产量230万t，产值28.5亿元。建成了标准化蔬菜生产基地60个，永久性蔬菜生产基地50个、万亩露地蔬菜基地10个。固原市和原州区取得“中国（西部）冷凉蔬菜之乡”，西吉县取得“中国芹菜之乡”，彭阳县取得“中国辣椒之乡”称号。固原冷凉蔬菜市场经销范围正在不断拓展，已成为固原市的一张特色名片，冷凉蔬菜不仅走上了中国香港市民的餐桌，还获得了欧盟认证，拿到了全球通行证。

为全面展现固原市蔬菜产业发展脉络和取得的成就，笔者结合多年从事蔬菜工作的经验，组织县区蔬菜技术骨干，收集整理编写形成文稿。本书从固原蔬菜产业发展历程、冷凉蔬菜产业的提出与规划、固原主要蔬菜产品生产技术三个方面比较系统地介绍了固原市蔬菜产业从小到大，生产标准从粗放到精准，产品从普通到无公害、绿色、有机，品牌从无到有到优到强的发展变化。

本书既有蔬菜产业的发展思路、方法和措施，又有标准化的栽培技术，插图部分更能反映出各级领导对固原市蔬菜产业发展的深切关怀和技术人员的持续努力，图文结合，前后呼应，希望能给各位读者了解掌握固原市蔬菜产业发展情况带来一定帮助，也给广大农村实用人才培训提供辅助资料，不妥之处请批评指正。

靳军良

书于2020年6月19日

目　　录

第一章　发展历程

第一节　固原市情

固原市位于宁夏回族自治区（以下简称宁夏）南部山区、六盘山东麓，是革命老区、民族地区、集中连片的特殊困难地区，是一个备受党中央和习近平总书记高度关怀的地方。2002 年 7 月经国务院批准撤地设市。全市国土面积 1.05 万 km^2，辖原州、西吉、隆德、泾源、彭阳一区四县 62 个乡（镇），4 个街道办事处，823 个行政村，55 个社区居委会，总人口 150.6 万，其中，回族人口占 46.3%。境内储藏有煤炭、石油、岩盐等矿产资源，有绿色无污染、质优品高的特色农产品，有丰富独特的旅游资源，是祖国西北地区重要的生态屏障。2018 年全市完成地区生产总值 303.19 亿元；地方一般公共预算收入 17.26 亿元；全社会固定资产投资 222.14 亿元；社会消费品零售总额 73.73 亿元；城乡居民人均可支配收入分别达到 26 709 元和 9 556.7 元。

一、历史文化古城

旧石器时代固原就有人类活动，新石器时代已有以原始农业为主的氏族部落。战国时期秦惠文王设置乌氏县、朝那县，秦始皇设置北地郡，汉武帝设置安定郡，北魏设高平镇，北周改原州，明置固原卫，明成化年间设三边（陕西、甘肃、宁夏）总制府，明弘治年间设固原镇为九边重镇之一，清同治年间设直隶州。固原是中华文化发祥地之一，广泛分布着公元前 2500 年至公元前 2200 年的

"马家窑文化""齐家文化"，草原游牧文化和中原农耕文化相融汇。彭阳姚河塬商周遗址入选"2017年度全国十大考古新发现"。魏征梦斩泾河老龙、柳毅传书等神话故事发源于固原。书法、绘画、剪纸、泥塑、戏剧底蕴深厚，"西海固文学"享誉全国。先后荣获"中国文学之乡""中国书法之乡""中国民间艺术之乡""中国现代民间绘画画乡""中国社火之乡"等。

二、红色革命老区

固原是陕甘宁革命老区的重要组成部分。1932年中国共产党在这里领导了蒿店兵变和靖远兵变，成立中国工农红军陕甘游击队。1935年8月，红二十五军途径固原培育了"回汉兄弟亲如一家"民族感情。1935年10月，毛泽东率领中国工农红军翻越长征最后一座大山——六盘山，写下了气壮山河的《清平乐·六盘山》。红军长征、西征期间在固原地区建立了中共固北县委、中共固原县工委，1939年成立宁夏最早且坚持到中华人民共和国成立的中共红河地下党支部。1949年7月，中国人民解放军在固原打响了解放宁夏的第一枪——任山河战斗。2003年，彭阳县被确定为中央党建工作领导小组秘书组农村党建联系点，"四个新"农村党建经验在全国推广。2016年7月18日，习近平总书记在将台堡向全党全国发出了"缅怀先烈、不忘初心，走好新的长征路"的伟大号召。农村"两个带头人"工程促脱贫富民的做法得到中央领导充分肯定，全国、全区经验交流现场会在固原召开。

三、西部生态屏障

固原是黄河二级支流泾河的发源地，承担着陕甘宁三省区13县180万人的水源供给。全市林用地面积668万亩*，森林面积360.7万亩，森林覆盖率26.8%。自然保护区有高等植物1 200多

* 1亩≈667m^2，1hm^2=15亩。全书同

种，金钱豹等脊椎动物 226 种。空气质量优良，年优良天数达到 96%以上。彭阳县小流域治理和生态建设经验在全国黄土高原同类地区推广。先后荣获“全国生态文明示范工程试点市”“中国绿色生态旅游城市”“2016 中国最具魅力宜居宜业宜游旅游城市”“自治区文明城市”“自治区卫生城市”等称号，隆德县、泾源县列为全国百佳深呼吸小城。“天高云淡、绿水青山”已成为固原亮丽的名片。

四、旅游避暑胜地

六盘山区夏无酷暑、冬无严寒，历史上曾是古代王室贵族休闲避暑的圣地，元太祖成吉思汗、宪宗蒙哥等避暑六盘山。固原拥有红色革命圣地、自然生态风光、石窟、地质公园、历史文化遗迹、民俗文化“六大旅游景区”和 5 个国家 4A 级、2 个 3A 级景区及 150 多个景点。长征圣山六盘山、中国十大石窟之一须弥山石窟、七彩丹霞火石寨地质公园、高原绿岛六盘山国家森林公园、千年苍茫的萧关古道等，具有独特的资源优势和别样的西北风情，形成了“天高云淡六盘山”品牌，是古丝绸之路和长征路上的特色旅游目的地。荣获“最美中国·魅力特色旅游目的地城市”“全国十佳生态休闲旅游城市”和最美中国“全域旅游创建典范城市”，泾源县成为首批“国家全域旅游示范区”。

五、宁夏副中心城市

固原是古代兵家必争的咽喉要地，以“据八郡之肩背，绾三镇之要膂”和“旱码头”著称，是古丝绸之路东段北道的重要节点。固原是国家新型城镇化试点示范城市和黄土高原干旱半干旱地区海绵城市建设示范区，初步形成了 1 个副中心城市、4 个县域中心城市、10 个中心小城镇、100 个美丽村庄的“1411”城镇化格局，进入全国特色魅力城市 200 强，2017 年成功创建国家园林城市。固原地处西安、兰州、银川三省会交汇中心地带，是全国 179

个公路交通枢纽之一，形成了“三纵两横”高速、“五纵五横”国省县道公路骨架，境内等级公路8 899km，县县通高速、村村通沥青（水泥）路。宝中铁路贯通，快铁正在规划建设。六盘山机场通航西安、银川，直达上海、天津、重庆、福州等主要城市。

六、绿色产品基地

固原市地处我国黄土高原丘陵沟壑区，属温带大陆性季风气候，主要特点是春迟、夏短、秋早、冬长、干旱。年平均气温4～8℃，大部分地区5～7℃，≥10℃积温1 500～3 600℃，无霜期100～140天，日照时数1 400～1 800h，年降水量350～650mm。气候冷凉，昼夜温差大，大气、土壤、水源环保洁净，是绿色产品的最佳生产基地，品质优良。已建成百万头肉牛养殖基地和百万亩马铃薯种植基地、百万亩特色种植基地，是中国“冷凉蔬菜之乡”“马铃薯种薯之乡”和“六盘山黄牛之乡”，六盘山农产品、六盘山苗木荣获中国驰名商标，泾源黄牛肉、西吉芹菜、彭阳辣椒等获农业部地理标志登记认证，六盘山珍食用菌等27件商标获宁夏著名商标，冷凉蔬菜全部通过无公害农产品产地认定，畅销全国十多个省市和港澳台地区。

第二节　发展历程回顾

一、零星发展阶段（1978—1988年）

（一）1978—1981年零星自种自食

固原地区蔬菜种植面积在1万亩左右，当地农户尝试种植蔬菜，种植区域十分分散，种植方式以农户屋前院后零星种植为主，蔬菜种植的科技含量很低。

（二）1982年首次成功引进试种地膜蔬菜

固原地区农业技术推广站首次引进试验地膜蔬菜种植，产量大幅度提升，开创了蔬菜生产的新局面。试验总面积 51 亩，试验地点布设在西吉、海原和固原三个县，试验效果十分明显，增产幅度在 5. 8%~243. 05%，平均增产 70. 1%。据固原城关东红蔬菜队实收测产，黄瓜、番茄、茭瓜等几种主要蔬菜产值增加 6. 6%~216. 6%，扣除地膜费用，每亩增加收入 43~327 元。海原县地膜西瓜亩产 2 000kg，比露地增产 33%，产值增加 25%。

（三）1983 年进一步扩大地膜蔬菜种植面积

固原地区进一步扩大地膜蔬菜种植面积，在海原和固原县干旱区域布设了以西瓜、香瓜为主的地膜蔬菜种植，在各县城郊水源较充足的地方大搞地膜覆盖蔬菜种植，全地区地膜瓜菜种植面积达到 1 720 亩。

（四）1984 年地膜蔬菜种植迈上了新步伐

全地区瓜类总面积 10 242 亩，地膜覆盖种植面积扩大到了 4 034. 5 亩，是 1983 年的 2. 56 倍，覆盖作物有瓜类、蔬菜、洋芋、玉米、花生等。其中，瓜类 3 038. 3 亩，占总面积的 75. 3%。固原县地膜西瓜、香瓜 1 490. 7 亩，平均亩产达 5 168kg，且上市提早 7~14 天，除自给、馈赠亲友外，每亩平均净收入 249. 27 元。海原县地膜西瓜 582. 3 亩，总产 148. 27 万 kg，总产值 264 044 元，平均亩产 2 546. 2kg/亩，平均亩产值 453. 45 元。

（五）1985—1988 年蔬菜作为经济作物大力推广

1985 年地膜覆盖面积不断扩大，经济作物的种植有起色。蔬菜种植面积 2. 35 万亩，瓜类种植面积 1. 676 8 万亩。以瓜菜为主的地膜覆盖栽培面积达 7 220. 4 亩，较 1984 年增加 3 185. 9 亩，增长率 78. 97%。同时，在引进示范塑料大棚、拱棚、半面棚温室等蔬菜瓜类的保护地生产上，初步取得了一些经验，各县也还建立多区域、多品种的瓜菜商品基地。如海原、固原北部的瓜类生产基地，各县城郊和彭阳红茹河流域的生产基地。

1988 年在决不放松粮食生产、积极发展多种经营的方针下，随着农村商品经济的发展，固原地区经济作物的推广面积迅速扩大，经济效益十分显著，同时，解决了城市“菜篮子”问题。瓜菜总面积 15 522. 8 亩，其中，地膜瓜菜 8 455. 6 亩，占瓜菜总面积的 54. 47%，比 1987 地膜瓜菜面积增加 20. 53%。地膜瓜菜亩净增收入 300 元。西吉县种植 2 480 亩地膜瓜菜净增收益 683 767 元；固原县瓜类面积达 6 197. 2 亩，其中，地膜西瓜 5 564 亩，比 1987 年扩大了 89. 2%，平均亩产达 2 626. 3kg。保护地栽培 106. 5 亩。

二、探索起步阶段（1989—2000 年）

（一）1989 年正式提出“菜篮子”工程

1989 年，固原地区正式提出“菜篮子”工程建设目标，在固原县南郊的青石峡、和泉，东红蔬菜队，头营乡的马园、徐河，杨郎乡的马店、蒋河、南塬四大蔬菜基地实现了规模经营，面积达到 2 000 亩。

（二）1990—2000 年开展科技攻关，蔬菜种植的科技含量大幅提升

从 1990 年开始，伴随“菜篮子”工程建设的开始，蔬菜生产开始扭转过去无人问津的状况，逐步受到有关部门的重视，地、县农技部门都将其列到议事日程，力所能及地组织专人去抓。瓜菜种植面积和产量产值都出现大幅度提升，种植设施、品种结构、技术水平等有很大提高，蔬菜供求矛盾不但得到缓解，蔬菜种植还成为一部分人发家致富的主要渠道。

1990 全地区年瓜菜种植面积达到 7 万亩，其中，蔬菜 5 万亩，西甜瓜 2 万亩。固原、彭阳、隆德等县进行区域开发，出现了规模效益，大大缓解了本县吃菜、吃瓜难的矛盾，有些蔬菜、瓜果，如秋甘蓝、芹菜等已经自给有余，销往区外。其中固原县新开发的四个蔬菜基地面积达到 6 406. 5 亩，新建日光温室 16 栋，带动全县发展蔬菜种植 1. 76 万亩，总产达 5 116. 54万 kg。彭阳县专设多种经营管理站，配备专职技术干部协同区农业科学研究院蔬菜技术人员，主抓蔬菜、瓜果的基地开发工作，收到了很好的社会、经济效

益。1990 年蔬菜面积 10 582 亩，是 1986 年的 2.6 倍，总产量 1 128 万 kg，比 1986 年多 6 倍。涌现出一批种菜脱贫致富的典型农户。蔬菜收入 5 000 元以上的菜农有 3 户，1 000~4 000 元的菜农达 884 户，连续种菜 3 年收入千元以上的致富户达 146 户。隆德、西吉两县近年也十分重视蔬菜生产技术的推广应用，同样涌现了大批的高产经验，初步形成了蔬菜商品生产基地，调节了淡旺季产销品种结构。经过地、县、乡农技部门十年的努力，以海原县和固原县为主的西瓜、甜瓜生产也有了长足的发展，面积达 2 万亩，总产量 4 万 t。由于大面积实现了良种化和地膜覆盖栽培，增产增收，经济效益显著，产销呈现出前所未有的好势头。

1991 年按照“加强瓜菜基地建设、丰富了城乡人民的菜篮子”的总体思路，全地区各类瓜菜种植面积达到 7.19 万亩，其中，地膜覆盖种植 2.88 万亩，地膜种植西瓜 1.37 万亩，甜瓜 0.31 万亩。全地区保护地蔬菜种植得到巩固，面积达到 114.7 亩，其中，塑料温室 132 栋，约 43.6 亩，大中棚 5.0 亩，半面棚 54.1 亩，小弓棚 12.0 亩。同 1990 年相比，主要特点是：面积扩大，技术水平又有新的提高，西瓜全部良种化，蔬菜保护地新技术塑料日光温室数量增加，效益提高，粮菜间复套种面积扩大。全地区整个瓜菜生产逐渐向多样化、区域化方向发展，出现了一些懂技术、会经营管理、经济收益好的典型大户，既繁荣了市场，又增加了农民的收入。例如，固原县杨郎乡南原村人称“蔬菜大王”的高云山麦后复种大白菜 7.2 亩，平均亩产达 7 500kg，收入高达 1 200 元，种植地膜西瓜间作两茬白菜亩收入大于 1 700 元。彭阳县白阳镇刘沟队农民王俊山，1990 年建起了一座面积为 195m^2 的塑料日光温室。自 1990 年 9 月至 1991 年 8 月种植芹菜和蒜苗、油菜、黄瓜这三茬蔬菜，年度收入达 2 664.6 元，折合亩收入达 10 155.93 元，经济效益十分显著。

之后固原地区蔬菜种植面积一路上升，1992 年 7.87 万亩，1993 年 11.32 万亩，1997 年 12.63 万亩，2000 年达到 12.8 万亩。

同时从1991年开始，设施蔬菜生产逐渐受到各级政府和部门的重视，发展规模逐步扩大，设施档次不断提高，设施蔬菜的产量、品质、产值和效益优势逐步得到凸显。面积从1991年的114.7亩到1992年524亩，1995年达到574亩，1998年达到832亩，1999年达到910亩，2000年突破千亩大关，达到1 176亩。产量也从1994年的5 865kg，到2000年9 616.7kg，年均增加10%左右。产值从1994年的5 758元到1995年5 763元，1997年达到6 593元，1999年达到8 303.5元，2000年突破万元大关，达到1.14万元。从1995年开始，日光温室设施结构得到大的改善，高效节能日光温室建设和生产技术得到重点示范推广。日光温室蔬菜生产技术水平不断提高，黄瓜嫁接、张挂反光幕、CO_2气肥、膜下微灌等新技术开始为部分菜农所认识和应用。2000年全地区节能日光温室总面积1 175.8亩，第一代温室面积230亩，第二代温室面积945.8亩。其中，新建195.5亩，平均亩产蔬菜9 616.7kg，平均亩产值1.140 1万元。配套应用嫁接换根技术153.3亩，占总面积的13%，CO_2气肥343.7亩，占总面积的29%，膜下暗灌161亩，占总面积的13.7%，张挂反光幕222.9亩，占总面积的18.9%。

三、发展壮大阶段（2001—2006年）

从2001年开始，固原市各级党委、政府领导农民在抗御旱灾、调整农业结构的实践中，对发展设施农业进行了多方位探索和尝试，培育了一批成功典型。如原州区清河镇东红村，头营镇马园村、蒋河村；彭阳县白阳镇刘沟村，红河乡友联村；西吉县吉强镇团结村；隆德县城关镇、沙塘镇等。有些村已形成“一村一品”特色，构建了“协会+农户”的经营机制，拥有稳定的市场渠道。2006年年底，全市设施瓜果蔬菜、食用菌等面积达到1万余亩。通过这些探索，为今后发展设施农业奠定了坚实基础。

（一）发展现状

2001 年是新世纪的开局之年，也是“十五”计划实施的第一年。随着人们生活水平的提高，蔬菜已越来越引起人们的重视，从数量到质量，无害化、高档次绿色蔬菜的生产发展已变得十分迫切，固原地区蔬菜逐步走向产业化发展方向。农技部门重点从季节化、无害化、节本增效 3 个方面加大推广力度，有力保证了城乡居民的需要。全地区蔬菜种植总面积 13.684 9 万亩，平均亩产 1 394kg，总产量 19 076kg，实现总产值 8 972 万元。其中，设施蔬菜栽培 1 228 亩，平均亩产值 10 942 元，实现总产值 1 343.7 万元，露地栽培 12.789 2 万亩，平均亩产值 621.72 元，实现总产值 7 951.3 万元。

2002 年设施农业生产总面积 2 034.8 亩，其中，新建日光温室 498.9 亩，第 1 代温室面积 270 亩，第 2 代温室面积 664.6 亩，平均亩产鲜菜 9 063.29kg，平均亩产值 10 886.4 元。推广配套新技术应用面积 1 045 亩，其中，嫁接换根 284.1 亩，膜下软管微灌 193.6 亩，CO_2 气肥 501 亩，张挂反光幕 300.8 亩。优质西甜瓜推广种植面积 31 603.2 亩，平均亩产值 786 元；采用塑料拱棚和压沙地膜栽培技术示范 1 050 亩，拱棚瓜平均亩产 1 875kg，亩收入 5 600 元，压沙瓜平均亩产 2 600kg，亩收入 928.8 元。西瓜新品种丰抗 88、高抗冠龙、甘农 8 号等引进示范 143 亩，亩产 4 500kg，亩产值 900 元。彭阳县西甜瓜高产高效栽培示范 1 000 亩，平均亩产 4 100kg，亩产值 3 690 元。

2003 年根据农业部“无公害食品行动计划”和自治区实施的“放心食品工程”，固原市大力发展无公害蔬菜。全市蔬菜种植面积 18.26 万亩，其中，无公害蔬菜生产面积 1.28 万亩，建立示范园区 10 个，示范蔬菜种类涉及甜椒、番茄、葱、蒜、黄瓜、西葫芦、芹菜。同时，优质西甜瓜丰产栽培技术发展迅速，面积进一步扩大。西甜瓜作为固原市区域特色作物，因其品质佳，市场前景广阔。以清水河流域的黑城镇、七营镇和海原县兴、高、李扬黄灌区为优势区的优质西甜瓜产业带，种植面积逐步扩大，品种进一步优化，一批早熟、优质、高产新品种取代了当地老品种，成为当家品种，2003 年西甜瓜面积达到 7.48 万亩，较上年增加 0.76 万亩，增加 11.3%，在面积增加的同时，产值也在不断提高，平均亩产值达 895.72 元，总产值达到 0.67 亿元，较上年增加 5.4%。种植方式上采用以拱棚种植、地膜种植和压沙种植，提高了产量和经济收入。海原县推广的 680 亩拱棚甜瓜，平均亩纯收入 4 500 元，是种粮收入的十倍多，是地膜覆盖栽培亩收入的 4 倍多。产品不仅受本市消费者喜爱，而且受到上海等大中城市消费者的青睐。辣甜椒栽培面积稳步增长，成为农民增收新亮点。辣甜椒作为固原市一个新的区域高效特色作物，在彭阳、原州区近两年发展迅速，随着栽培面积、新品种新技术的不断完善进步，其已成为当地农民增收的新亮点。2003 年全市共栽培露地辣椒 1.56 万亩，亩产量 2 713kg，亩均产值 1 270 元，亩纯收入 1 044 元，最高达 1 800 元。在彭阳县脱水蔬菜厂建成带动下，固原市脱水甜椒种植面积发展为今年的 4 150 亩，面积产量 2 089kg，总产 889.77 万 kg，亩均产值 786 元，亩纯收入 768 元，最高达 1 600 元。

2004 年根据自治区党委、政府《关于加快农业和农村经济结构战略性调整的意见》精神，结合鲁宁、闽宁扶贫，大力发展高效节能日光温室，推广配套栽培技术，尤其是原州区建立了大面积设施农业高新技术示范园区，有效推进了设施蔬菜的快速发展。2004 年全市蔬菜种植总面积 18.25 万亩，总产量达到 61 811.81 万 kg，产值达到 24 172.61 万元，人均收益 136.5 元。其中，日光温室面积达到 2 195.5 亩，2004 年新增 148 亩，完成计划面积 230 亩的 64%。一代温室面积 133 亩，二代温室面积 218 亩。塑料大棚及小拱棚面积达到 260.5 亩，年生产反季节蔬菜 1 601.24 万 kg，平均亩产量 4 673kg，平均亩产值 4 721 元。推广日光温室配套技术应用面积 1 050 亩次，应用率达 47.8%。无公害蔬菜工程开始启动实施，栽培技术示范面积进一步扩大。根据农业部“无公害食品行动计划”和自治区实施的“放心食品工程”，固原市各县（区）积极组织，广泛宣传，大力发展无公害蔬菜生产基地，以典型引路，建立示范点，选种抗病虫品种，培育壮苗、增施农家肥和生物有机复合肥，坚持无害化控制原则，示范推广生物防治技术，杜绝高残留、剧毒农药的使用，推广遮阳网、防虫网、黄板诱杀、高温消毒等物理防病虫技术，有效地提高了蔬菜品质，增强了市场竞争力，促进经济效益的提高。其中，无公害蔬菜生产面积达2.61万亩，占蔬菜总面积的14.3%，同时，按照自治区农牧厅等5个局《农产品质量安全市场准入实施意见》的通知精神，固原市成立了由分管农业的副市长为组长，相关部门为成员单位的“固原市无公害食品行动计划”领导小组。并在农牧局设立办公室，培训了专业检测人员，建立了检测室和检测点。完成55 500亩的无公害农产品产地环境质量监测，标志着固原市无公害蔬菜工程开始启动实施。

2005年全市日光温室面积达到2 256.5亩，其中，新增面积1 066亩，2代温室面积3 166.5亩。平均亩产5 841kg，亩产值9 400元。塑料大中拱棚面积达到529.5亩，平均亩产4 750亩，亩产值3 900元。冷凉及无公害蔬菜总面积达到17.95万亩，其中，主要蔬菜16.44万亩，脱水蔬菜8 384亩，西甜瓜1.51万亩，平均亩产值1 410元。建设无公害标准化生产示范园区（点）28个，示范面积1万亩，辐射生产面积4.65万亩。

2006年全市日光温室生产面积3 454.9亩，平均亩产9 980kg，亩产值11 550元，建设工厂化育苗中心1个，年育苗量6 910株。冷凉无公害蔬菜总面积保持17.57万亩，以原州区头营镇、清河镇，西吉县吉强镇，隆德县沙塘镇，泾源县香水镇为中心，建立无公害蔬菜生产示范基地10.2万亩。

（二）主要特点

1. 日光温室建设规模不断扩大，建设标准不断提高

2001年日光温室面积1 228亩，2006年达到3 454.9亩，面积

翻了三番。建造结构从最初的小温室（每栋 0.33 亩）、半面棚、小拱棚发展成为节能高效 1、2 代日光温室和大中拱棚。

2. 设施标准化生产技术推广应用率提高，产量大幅度上升

在抓好四项常规配套技术的同时，各地引进推广新品种、新技术，积极推广应用了新型功能型覆盖材料、新型基质、卷帘器、防虫网、遮阳网、穴盘及其他新材料；推广工厂化育苗技术、遮阳网覆盖栽培技术等高新技术和配套技术，提高了固原市设施蔬菜生产的现代化水平，明显提高了设施蔬菜的整体效益。

3. 无公害标准化生产技术得到普及推广，蔬菜产品品质不断优化

市、县（区）积极组织，广泛宣传，大力发展无公害蔬菜生产，以典型引路，建立示范点，选种抗病虫品种，培育壮苗、增施农家肥和生物有机复合肥，坚持无害化控制原则，示范推广生物防治技术，杜绝高残留、剧毒农药的使用，推广遮阳网、防虫网、黄板诱杀、高温消毒灯物理防病虫技术，有效地提高了蔬菜品质，增强了市场竞争力，促进了经济效益的提高。2002 年无公害生产面积 1 926 亩，2003 年发展到 1.26 万亩，2004 年达到 2.61 万亩，2006 年达到 17.57 万亩。

4. 示范园区（点）建设规模效益显著

从 2001 年开始，固原市蔬菜示范园园区建设走向规范化。各县采取科技承包的手段，加大科技示范园区的建设力度。用政策鼓励农技人员深入生产第一线，带项目、带任务，定指标、定奖罚，合理布局，突出重点，发挥资源和技术优势，狠抓示范园区技术措施的落实和效益目标的实现，充分展现农技人员的服务水平和创新能力。2001 年起建立绿色蔬菜生产示范园区 18 个，面积 1 926 亩，其中，日光温室 714 亩，工程化育苗中心 2 个，绿色蔬菜生产示范面积 3 800 亩，效益 1 123.1 万元，平均亩产值 2 955 元。其中，西吉县建立绿色蔬菜示范园区 1 000 亩，平均亩产值 3 900 元，总产值 390 万元，示范品种涉及芹菜、大白菜、甘蓝、绿菜花、番茄、黄瓜、紫甘蓝等。彭阳县示范 2 200 亩，平均亩产值 4 628 元，示范品种红河辣椒、脱水蔬菜等很具市场前景和发展优势，经济效益十分显著。2002 年建设蔬菜示范园 21 个。其中，原州区借助固原市城市辐射带动作用和加快城市进程化的机遇，大力发展设施蔬菜产业，目前已有的 2 850 栋日光温室生产的反季节蔬菜品种增加，产量提高，质量提升，效益明显。2003 年又新建 9 个园区，20 400 亩。即头营马园露地蔬菜园区 3 700 亩，南屯菌草温棚 200 栋，西郊长城花卉园区温棚 100 栋，孙家河露地蔬菜园区 1 500 亩，姚堡日光温室园区 100 栋。泾源县 30 亩芹菜无公害蔬菜生产后，取得了平均亩产 5 000kg、平均亩纯收入 3 200 元的显著经济效益，并取得了良好的社会效益。2004 年建立示范园区 10 个，设立示范点 17 个，示范面积 6 306 亩。其中，在原州区彭堡、西吉县城郊水泉、团结、袁河村、隆德县沙塘镇马河村、泾原县香水镇撒南村建立了 2 个示范园和 6 个示范点，共示范栽植高标准无公害芹菜 1 334. 1 亩左右，平均亩产鲜菜 7 941kg，亩纯收入 3 175 元；辣椒示范种植面积 2. 704 万亩，其中，弓棚辣椒 175. 4 亩，平均亩产值达到 4 333 元。脱水甜椒示范种植 2 221. 61 亩，平均亩产量 2 000kg，亩均产值 800 元。原州区清河镇北什里村大白菜推广种植 800 亩，早萝卜 300 亩，平均亩产值 3 000 元。2005 年建设无公害标准化生产示范园区（点）28 个，示范面积 1 万亩，辐射生产面积 4. 65 万亩。2006 年以原州区头营镇、清河镇，西吉县吉强镇，隆德县沙塘镇，泾源县香水镇为中心，建立无公害蔬菜生产示范基地 10. 2 万亩。

四、规模、效益凸显阶段（2007—2011 年）

（一）发展背景

1. 中央一号文件出台

2007 年中央一号文件《关于积极发展现代农业 扎实推进社会主义新农村建设的若干意见》（中发〔2007〕1 号）中“发展现代

农业，要用现代物质条件装备农业，用现代科学技术改造农业，用现代产业体系提升农业，用现代经营形式推进农业，用现代发展理念引领农业，用培养新型农民发展农业，提高土地产出率、资源利用率和农业劳动生产率，提高农业素质、效益和竞争力”。和胡锦涛总书记来宁夏视察时的重要讲话精神，开启了固原冷凉蔬菜产业发展的新局面。

2. 自治区发展意见出台

2007年1月5日宁夏回族自治区党委、人民政府出台《关于大力发展现代农业扎实推进社会主义新农村建设的意见》（宁党发〔2007〕4号），提出要“大力发展设施农业，建设一批规模大、标准高的设施栽培基地，发展高效节能日光温室、移动大、中拱棚等多种设施种植模式，力争‘十一五’末全区设施农业达到50万亩”。紧接着2007年6月27日，自治区第三次固原工作会议上，自治区党委书记陈建国和自治区代主席王正伟对固原发展设施农业又作了新的指示和要求。

3. 固原市设施农业发展规划出台

发展设施农业，既是固原推进现代农业建设的突破口，也是建设社会主义新农村的着力点，更是落实党中央、国务院和自治区党委、政府发展现代农业的具体行动。因此，为了全面贯彻落实自治区党委、政府第三次固原工作会议确定的大力发展设施农业的各项目标任务，固原市委政府在认真调研、广泛吸取各方面意见的基础上，紧密结合固原自然资源、经济社会发展和现有设施农业现状的实际，编制了《固原市设施及旱作节水农业发展规划》。规划按照“依水布局、规模建设、突出特色、科技支撑、政府推动、园区驱动、项目扶持、产业化经营”的总体思路，科学提出在具备水源条件的河谷川道区、库井灌区和扬黄灌区建设移动塑料大中棚和日光温室为主的现代设施，推广设施农业集约生产经营技术，发展高质高效果菜、辣椒、食用菌、冷凉型蔬菜（芹菜、甘蓝）、网室高代脱毒种薯和枸杞特色品种。围绕开拓市场，培育壮大龙头企业，构建市场体系，培育市场营销队伍。加强产品质量安全管理，推行无公害绿色产品规模化和标准化生产，打造无公害、绿色的设施农产品品牌。力争建成西北黄土高原“冬菜北上、夏菜南下”的区域特色外向型农产品生产基地，为固原市“十一五”设施农业发展指明了路子。

（二）发展现状

经过五年的发展，固原市设施农业呈现出以园区为点，专业村为面，点面结合、整体推进的发展格局。初步形成了原州区反季节瓜菜，西吉县芹菜，隆德县早熟马铃薯、花卉，彭阳县辣椒等规模化设施生产基地。截至 2011 年年底，全市设施农业累计建设面积达到 27.3 万亩，累计保留面积 19.3 万亩，其中，日光温室 5.8 万亩，大中拱棚 13.5 万亩。其中，原州区 5.5 万亩（日光温室 1.8 万亩，拱棚 3.7 万亩），西吉县 4.3 万亩（日光温室 0.3 万亩，拱棚 4 万亩），彭阳县 7.3 万亩（日光温室 2.7 万亩，拱棚 4.6 万亩），隆德县 2.2 万亩（日光温室 0.9 万亩，拱棚 1.3 万亩）。

建立设施农业示范园区 69 个，其中，500 亩以上的示范园区 50 个（原州区 14 个，西吉县 8 个，彭阳县 10 个，隆德县 18 个），千亩以上示范园区 28 个（原州区 4 个，西吉县 3 个，彭阳县 9 个，隆德县 12 个）。

2011 年全市蔬菜销量累计达 47.6 万 t，其中，外销 34.1 万 t。全年设施农业总产量达到 56.7 万 t，总产值 12 亿元，农民人均纯收入达 450 元。

（三）主要特点

1. 在建设质量上有新突破

棚型选择和设计更趋科学合理，拱棚主体多为钢架材料，并增加了压膜线等附属设施。所有新建温室和拱棚符合规范化建设标准，高标准的大拱棚得到大面积推广，设施建设质量明显提高，防灾抗灾能力显著增强。

2. 在发展模式上有新突破

加大招商引资力度，积极引进龙头企业，结合创建现代农业示范基地，在各县（区）业已形成的区域特色的基础上，进一步整合资源，通过企业、合作组织参与建设，适度规模流转土地，先后引入宁夏华林农业综合开发有限公司等一批龙头企业广泛参与固原市设施农业建设，进一步巩固“企业+合作组织+基地+农户+市场”的发展模式。

3. 在发展布局上有新突破

调整优化了设施农业区域布局、作物结构、品种品质结构和种植模式，进一步壮大了原州区的冷凉瓜菜、彭阳的辣椒、西吉的芹菜、隆德的花卉等规模化生产基地。

4. 在集约化、园区化带动上取得新突破

以创建现代农业示范基地为抓手，强化措施，典型示范。全市建立规模大、标准高、产销对路、科技含量高的千亩设施农业园区28个，园区带动作用进一步增强。

5. 品种搭配，茬口安排上有新突破

坚持日光温室抓秋冬、移动拱棚抓早春的原则，春夏秋冬因时安排，早中晚熟科学搭配，做到了按季节上市，分品种销售，错开了上市时间，拓宽了销售渠道，延伸了销售空间，增加了销售收入。

6. 在市场化发展上取得新突破

采取“立足园区、借助优势产品、合作组织牵头、形成专业市场”等积极措施，促使规模化生产、产业化经营、市场化发展。全市已培育各类蔬菜合作组织53个。设施农产品除供应本区外，70%销往周边及南方省区，“冬菜北上、夏菜南下”的流通格局基本形成。

五、优化升级阶段（2012—2015年）

（一）发展思路

按照“巩固面积、优化布局，提高质量、完善功能，科技支撑、创新服务，打造品牌、拓展市场”的总体思路和发展“一优三高”农业的要求，全面实施《固原市高原冷凉蔬菜产业发展规划》，加大对老旧温棚的改造、加固和维修力度，因地制宜，继续增加日光温室和大拱棚面积，形成日光温室、大拱棚、露地设施协调发展的设施农业格局。推进“冬菜北上、夏菜南下”战略，引进名优特新品种，加大物化技术投入，提高装备水平，加快推广绿色、有机蔬菜标准化生产技术，大力发展冷凉蔬菜，形成由设施蔬菜、加工蔬菜、供港蔬菜基地和一批现代化蔬菜育苗中心、蔬菜合作社和蔬菜冷链物流中心构成的绿色有机“冷凉蔬菜产业集群”。做大做强原州区的冷凉蔬菜，西吉的芹菜，彭阳的辣椒，隆德花卉，瞄准目标市场，合理安排茬口和品种布局。加大招商引资力度，高标准规划、高科技支撑、高效益经营，高水平创建一批冷凉蔬菜精品示范园区，加快优新品种引育示范推广应用步伐，推进冷凉蔬菜产业向精品、高端、高效方向发展。

（二）发展现状

2012年全市冷凉蔬菜种植总面积48.7万亩（设施农业23万亩，露地蔬菜25.7万亩）。设施农业新建2.64万亩（日光温室1.09万亩，拱棚1.55万亩），累计保留23.15万亩（日光温室6.67万亩，大中拱棚16.48万亩），投入生产面积23万亩（日光温室6.4万亩、大中拱棚16.6万亩），其中，建立千亩以上设施农业示范园区22个（原州区6个，西吉县4个，隆德县5个，彭阳县7个）。以原州区中河乡万亩供港蔬菜基地为主的露地蔬菜达到23.6万亩（原州区8万亩，西吉县12万亩，隆德县1.2万亩，彭阳县2.4万亩），其中，高效节水的设施露地蔬菜16.6万亩（原州区马铃薯3.5万亩、洋葱0.5万亩、胡萝卜0.5万亩、大蒜0.3

万亩、芹菜0.5万亩等5.3万亩，西吉芹菜6.1万亩、胡萝卜2.3万亩、番茄1.9万亩、马铃薯1万亩等11.3万亩）。全市设施农产品主要以早熟菜用型马铃薯、辣椒、芹菜、番茄、黄瓜、西甜瓜、油菜、茭瓜、甘蓝、食用菌、花卉等为主，主要销往银川、兰州、平凉、西安、宝鸡、四川等周边市场和长沙、武汉、郑州、广东等南方市场。设施农业总产量达到70万t，总产值14亿元，全市农民人均纯收入达530元。

2013年全市冷凉蔬菜种植总面积52.6万亩，其中，设施蔬菜24.84万亩（日光温室6.88万亩，大中拱棚13.36万亩、露地设施4.6万亩），露地蔬菜27.76万亩。总产量约180万t、总产值约20亿元，农民人均纯收入达900元以上。原州区在发展城郊型蔬菜基地的同时，加大露地外销型优势冷凉蔬菜基地建设。冷凉蔬菜面积达到23.07万亩，年产各类蔬菜80万t，总产值6亿元。主要分布在官厅、中河、彭堡、头营、三营、黄铎堡等清水河流域。建立了南河滩、火车站等5个蔬菜批发市场，11处集镇以上农产品销售市场，3个蔬菜预冷库，1个脱水蔬菜厂，培育了18家蔬菜合作社，初步形成以蔬菜收购营销点为基础，运销合作组织为龙头，运销大户为骨干的市场营销体系，产品远销上海、西安、武汉等全国20个大中城市和港澳台地区。西吉县发展以芹菜、胡萝卜、大拱棚番茄、西蓝花等为主的特色蔬菜种植11.5万亩，年产以芹菜为主的各类蔬菜49万t，总产值6.7亿元。主要分布区域为葫芦河川道区的新营、吉强、硝河、马莲、将台、兴隆等乡镇。围绕冷凉蔬菜生产、加工、销售等环节，组建了西吉天绿、三农、祥农、富裕、天裕等100多家蔬菜合作社，发展贩运大户及经纪人50多个，培育营销人员500多人。形成了“龙头企业+基地+农户+市场”“贩运大户+合作社+农户+市场”等经营模式。已开拓了21省43个大型农产品批发市场，产品主要销往上海、合肥、武汉、长沙、重庆、西安、郑州、洛阳、襄樊、南阳、宝鸡等大中城市，销售渠道畅通、效果良好，经济效益显著。隆德县蔬菜总种植面积6.5万亩，其中，设施面积 2.38 万亩（包括花卉、果树、食用菌）、露地蔬菜 3.92 万亩。年产辣椒、番茄、甘蓝、娃娃菜、菜心、芥蓝等蔬菜 21.7 万 t，总产值 2.38 亿元。主要分布区域为城关、沙塘、联财、神林、温堡等乡镇。彭阳县发展以辣椒为主的冷凉蔬菜生产基地 11 万亩，其中，设施蔬菜 9.6 万亩。年产以辣椒为主的各类蔬菜 29.6 万 t，总产值 4.7 亿元。主要分布区域为古城、新集、白阳镇、红河、城阳等乡镇。建立辣椒批发市场 5 处，配套预冷贮藏库 14 座，引进龙头企业 4 家，组建辣椒专业合作组织 20 多家，培养营销大户 50 多家，形成"支部+协会+基地+农户"的发展模式，建立覆盖西安、兰州、宝鸡等大中城市的营销网络和信息、技术交流互动机制，90%以上的辣椒实现区外销售。

2014 年全市冷凉蔬菜种植总面积 58.7 万亩，其中，新增设施农业 2.85 万亩（日光温室 0.6 万亩，拱棚 1 万亩，露地设施 1.25 万亩）。蔬菜总产量达到 200 万 t，总产值 22 亿元，农村居民人均可支配收入达 1 040 元。

2015 年全市冷凉蔬菜种植总面积 58 万亩，其中，新增设施农业 2.71 万亩（日光温室 0.13 万亩，拱棚 0.08 万亩，露地设施 2.5 万亩），新建永久性蔬菜基地 10 个，示范园区 5 个。蔬菜总产量 208 万 t，总产值 22.9 亿元。

（三）主要特点

1. 建设质量上取得新突破

经过多年的实践和改进，日光温室和拱棚在棚型选择和设计上更趋科学合理，拱棚主体多为钢架材料，并增加了压膜线等附属设施。所有新建温室和拱棚符合规范化建设标准，高标准的大拱棚得到大面积推广，设施建设质量明显提高，防灾抗灾能力显著增强。如彭阳县红河流域以设施大棚集中连片为主的近 10 万亩设施农业科技示范园区，棚成排、渠成系、井配套、路相通，成为该县发展蔬菜产业的一道亮丽的风景线。

2. 发展模式上取得新突破

在各县（区）业已形成的区域特色基础上，进一步整合资源，通过企业、合作组织参与建设，适度规模流转土地，加大招商引资力度，积极引进龙头企业参与建设和发展。先后引入宁夏华林公司、陕西恒润集团、香港加记（中国）农业开发公司等一批龙头企业广泛参与设施农业建设，发挥了示范引领作用，进一步巩固了“企业+合作组织+基地+农户+市场”的发展模式。其中，面向全区推广的“华林”模式值得一提。“华林模式”是福建华林宁夏华林农业综合开发有限公司，伴随着闽宁协作向更深层次发展过程中，在固原市西吉县开展现代农业产业化实践中产生的。当前的运作模式是将农民承包经营的分散土地集中起来，成立土地流转合作社，再由合作社与农业企业签订土地租赁合同，由企业负责资金、技术、营销，建立标准化、集约化生产基地，实行产、加、销为一体的产业化经营，出租土地的农民在基地就地务工，实现土地合理流转、企业承担风险、农民与企业共享利益的一种现代农业产业化发展模式，也即“公司+合作社+基地+农户”模式。

3. 发展布局上取得新突破

结合地域农产品优势，逐步调整优化了设施农业区域布局、作物结构、品种品质结构和种植模式，做到了茬口和品种安排合理，产业布局更加优化。进一步壮大了规模化生产基地，形成了原州区冷凉瓜菜、西吉县芹菜、隆德县花卉、彭阳县辣椒等优势农产品，对今后实现“一县一业、一县一品”发展方向极为有利。2014 年年底，全市冷凉蔬菜种植总面积 58.7 万亩，其中，新增设施蔬菜 2.85 万亩（日光温室 0.6 万亩、拱棚 1 万亩、露地设施 1.25 万亩）。

4. 集约化、园区化带动上取得新突破

以创建现代农业示范基地为抓手，强化措施，典型示范。全市建立规模大、标准高、产销对路、科技含量高的千亩设施农业园区 35 个、万亩露地蔬菜基地 6 个，园区（基地）带动作用进一步增强。2014 年新建规模化、标准化蔬菜生产示范基地（园区）24 个，建立永久性蔬菜生产基地 18 个，面积达到 1.72 万亩，逐步实现冷凉蔬菜产业的优化升级和提质增效。如原州区中河万亩供港蔬菜生产基地、彭堡万亩冷凉蔬菜生产基地，西吉县万亩芹菜标准化生产基地，隆德县千亩标准化供港蔬菜生产基地，彭阳县万亩标准化辣椒种植示范基地，规模化、标准化、集约化作用日益显现，积极打造“绿色”农产品，受到了区内外客商的青睐。

5. 品种搭配，茬口安排上取得新突破

坚持日光温室抓秋冬、移动拱棚抓早春的原则，春夏秋冬因时安排，早中晚熟科学搭配，做到了按季节上市，分品种销售，错开了上市时间，拓宽了销售渠道，延伸了销售空间，增加了销售收入。据统计，2014 年全市蔬菜总产量达到 200 万 t，蔬菜市场销售价格稳定，实现产值 20 亿元，农业增效显著。

6. 科技服务取得新突破

围绕固原市人才工作领导小组和固原市农牧局提出的“百名农业专家进农户”“十大农业产业服务团”和“千名农业科技人员服务基层”三大活动，认真抓好冷凉蔬菜的技术培训和指导工作。进一步细化培训任务，量化培训责任，开展“一对一”技术指导和培训。各技术人员在冷凉蔬菜育苗、定植、追肥、病虫害绿色防控等关键环节都能按照要求深入一线，深入冷凉蔬菜帮扶点开展工作，培训的时效性和应用率大大提高。

7. 生态移民帮扶取得新突破

市县（区）把生态移民村设施种植业帮扶指导工作作为一项长期工作进行开展，建立产业发展帮扶长效机制，制定细化了帮扶指导方案和考核量化指标，围绕 50 余个生态移民村，抽调专业技术力量开展蹲点指导帮扶，鼓励技术人员以科特派、技术承包等形式开展服务，示范带动产业发展。如原州区针对十个设施移民园区，抽调专人，定点包扶，每名技术人员包扶一个移民园区，长期蹲点进棚现场指导。隆德县针对恒光、清泉、温堡三个县内移民园区，每点派备2名县乡农技人员进行产业帮扶，长期蹲点，进行经常性技术培训和指导，取得较好的效果，初步形成了生态移民设施种植帮扶指导长效机制。

8. 市场化发展上取得新突破

采取"立足园区、借助优势产品、合作组织牵头、形成专业市场"等积极措施，促使规模化生产、产业化经营、市场化发展。全市已培育各类蔬菜合作组织53个。全市设施农产品主要以早熟菜用型马铃薯、辣椒、芹菜、番茄、黄瓜、西甜瓜、油菜、茭瓜、甘蓝、食用菌、花卉等为主。设施农产品除供应本区外，70%主要销往银川、兰州、平凉、西安、宝鸡、四川等周边市场和长沙、武汉、郑州、广东等南方市场，"冬菜北上、夏菜南下"的流通格局基本形成。

9. 品牌培育上取得新突破

随着蔬菜产业的逐步扩大、规范化发展，市场开拓，各县（区）对蔬菜品牌培育工作越来越重视。原州区成为"中国（西部）冷凉蔬菜之乡"，西吉县成为"中国芹菜之乡"，"西吉芹菜"被认定为中国驰名商标，彭阳县成为"中国辣椒之乡"，"彭阳辣椒""六盘山珍"食用菌被认定为知名商标。"六盘山冷凉蔬菜"商标得到自治区认定。在第六届中国（宁夏）园艺博览会暨冷凉蔬菜节上固原市被中国特产协会授予"中国冷凉蔬菜之乡"称号。

第二章　规划和方案

第一节　固原市设施及旱作节水农业发展规划（2007—2011 年）

一、背景

（一）引言

根据中共中央、国务院《关于积极发展现代农业 扎实推进社会主义新农村建设的若干意见》（2007 年中央一号文件）和胡锦涛总书记来宁夏视察时的重要讲话精神，为了全面贯彻落实自治区党委、政府第三次固原工作会议确定的大力发展设施及旱作节水农业的各项目标任务，按照自治区党委书记陈建国和自治区代主席王正伟对固原发展设施及旱作节水农业的指示和要求，我们在认真调研、广泛吸取各方面意见的基础上，紧密结合固原自然资源、经济社会发展和现有设施及旱作节水农业现状的实际，编制了《固原市设施及旱作节水农业发展规划（2007—2011 年）》。

（二）规划区概况

1. 气候资源概况

固原市地处我国黄土高原丘陵沟壑区，属温带大陆性季风气候，主要特点是春迟、夏短、秋早、冬长、干旱。年平均气温 4～8℃，大部分地区 5～7℃，≥10℃积温 1 500～3 600℃，无霜期 100～140 天，日照时数 1 400～1 800h。年降水量 350～650mm，60%～70%的降水集中在 7—9 月，时空分布极不均衡，且多以暴雨形式出现。大部分沦为地表径流，受地形的影响，加之植被覆盖率低、黄土母质疏松，导致严重水土流失，平均土壤侵蚀模数达5 000T/(km^2・年)。干旱、冰雹、霜冻、热干风等灾害频繁发生，干旱尤为严重，占土地面积85%的区域年降水量小于450mm。农作物需水的春夏两季年年持续干旱，对农作物产量影响最大的4—6月降水仅占全年降水量的15%~23%，而同期蒸发量是降水量的4倍多。中华人民共和国成立以来的57年间干旱年份达47年，干旱发生频率达82.5%。20世纪80年代以来，年降水量渐趋减少，干旱发生周期明显缩短，强度加重，是我国干旱危害最频繁、最严重的区域。

2. 水资源概况

固原市是我国水资源最匮乏的地区之一。境内水资源总量5.8亿m^3，人均占有量380m^3，分别为黄河流域和全国人均占有量（493m^3，2 146m^3）的77.1%和17.7%。耕地亩均占有水资源仅为108m^3，分别为黄河流域和全国耕地亩均占有水量（311m^3，1 344m^3）的34.7%和8.0%。因时空分布不均衡和季风气候、丘陵沟壑地形的影响，水资源利用率低。农业可利用水资源1.46亿m^3，2006年农业实际灌溉面积55.7万亩（其中，机井灌溉14.4万亩，小高抽扬水灌溉10万亩，水库灌溉21.3万亩，扬黄灌溉10万亩)，平均每亩可灌溉量262m^3/亩。478.4万亩旱作农业耕地，降水的利用率平均40%左右；降水生产效率仅1.5~4.0kg/(km^2・mm)，仅分别为我国黄淮地区的3%~4%。

3. 社会经济概况

固原市位于宁夏南部，辖原州、西吉、隆德、泾源和彭阳四县一区。共有65个乡（镇）、928个行政村，总人口151.23万，农业人口132.63万。总面积1.13万km^2，占宁夏总面积的17%。耕地534.1万亩，旱作耕地占89.6%。2006年农业总产值30.01亿元，其中，农业产值18.48亿元，林业产值1.87亿元，牧业产值8.48亿元，渔业产值0.03亿元，农林牧渔服务业产值1.15亿元。

粮食作物种植面积440.37万亩，产量56.38万t。农民人均纯收入1 925.4元（其中，劳务纯收入684.7元，马铃薯纯收入240元，牧业纯收入200.8元，退耕还林补贴收入202元，其他收入299.1元），仅分别为全国、全区农民人均纯收入的53.7%和69.7%。

（三）必要性与可行性

1. 发展设施农业和旱作节水农业，是发展现代农业的载体和抓手

中共中央、国务院《关于积极发展现代农业　扎实推进社会主义新农村建设的若干意见》（2007年中央一号文件）指出："发展现代农业，要用现代物质条件装备农业，用现代科学技术改造农业，用现代产业体系提升农业，用现代经营形式推进农业，用现代发展理念引领农业，用培养新型农民发展农业，提高土地产出率、资源利用率和农业劳动生产率，提高农业素质、效益和竞争力"。自治区党委、政府《关于大力发展现代农业扎实推进社会主义新农村建设的意见》提出：要"大力发展设施农业，建设一批规模大、标准高的设施栽培基地，发展高效节能日光温室、移动大、中拱棚等多种设施种植模式，力争'十一五'末全区设施农业达到50万亩。"发展设施农业和旱作节水农业，既是固原推进现代农业建设的突破口，也是建设社会主义新农村的着力点，更是落实党中央、国务院和自治区党委、政府发展现代农业的具体行动。

2. 发展设施农业和旱作节水农业，是顺应自然规律、规避旱灾，提高农业效益、增加农民收入的有效途径

制约固原农业发展的因素复杂，不仅自然资源先天不足，而且农业结构后天失调。众多制约因素的聚焦点是农业结构、生产方式与自然资源不相适应——水资源匮乏且未能充分利用。正如王正伟代主席指出，"水资源极度短缺是我们无法改变的现实，现在关键是要做好水源涵养和高效利用的文章。"多年来，固原市顺应自然规律，调整种植结构，但始终未能摆脱被动抗旱和传统农业的生产模式。发展设施农业和旱作节水农业，利用现代物质文明和科学技术，人为建造设施，局部范围改善和创造人工环境气候条件，实现现代工厂化、集约化、密集型农业生产，是提升农业产业的重要标志；是对固原市自然资源和农业发展规律认识的进一步深化；是固原市发展现代农业的必然选择；是固原市改造传统农业，调整农业结构，从根本上扭转“年年抗旱年年旱”被动局面的必然选择；是固原市推进农业集约化经营，转变农业增长方式，增强农业竞争能力的必然选择；是固原市培育退耕还林草后续产业，巩固生态建设成果，构建农民增收长效机制的必然选择；更是推进固原市农业实现跨越式发展的必然选择。

3. 发展设施农业和旱作节水农业，具有自然资源和社会经济条件的可行性，是发挥自然资源比较优势的有效方式

境内清水河、胡芦河、红河、茹河、渝河流域的河谷川道区，地势平坦，土壤有机质含量高，光热、水资源条件相对较好，具有灌溉条件的农田 55.7 万亩（包括井灌、库灌、窖灌和扬黄灌溉），适宜发展设施农业。日光温室每亩需水量 460m^3，移动塑料大中棚每亩需水量 300m^3。规划发展日光温室（包括 1.01 万亩食用菌棚）6.14 万亩，移动塑料大中棚 20.86 万亩，共需水量为 9 082 万 m^3，约为农业可利用水量 1.46 亿 m^3 的 62.2%，具有发展设施农业水资源保障，并可将现有水资源利用效益提高到 30 元/m^3。在不具备补灌条件的河谷川道区和黄土丘陵区发展旱作节水农业，通过推广应用节水补灌技术、覆膜保墒栽培技术、抗旱耕作技术，是实现抗御旱灾、提高农业效益的可行途径。发展设施农业是一个高投入、高产出的产业，大部分农民具备了一定的经济基础。

4. 发展设施农业和旱作节水农业，具有良好的群众基础和技术水平

近年来，各级党委、政府领导农民在抗御旱灾、调整农业结构的实践中，对发展设施农业和节水旱作农业进行了多方位探索和尝试，培育了一批成功典型。如原州区清河镇东红村，头营镇马园村、蒋河村；彭阳县白阳镇刘沟村，红河乡友联村；西吉县吉强镇团结村；隆德县城关镇、沙塘镇等。有些村已形成“一村一品”特色，构建了“协会+农户”的经营机制，拥有稳定的市场渠道。目前，全市已有设施瓜果蔬菜、食用菌1万余亩；集雨水窖15.83万眼，以集雨补灌、覆膜保墒为特征的旱作节水农业面积达到14.2万亩。通过这些探索，为今后发展设施农业和节水旱作农业奠定了实践基础。农民群众对于发展设施农业和节水旱作农业，具有强烈的愿望。

5. 发展设施农业和旱作节水农业，具有一定的有利条件，但要高度重视解决好面临的困难

党中央、国务院和自治区党委、政府高度重视现代农业建设，大幅度增加对“三农”的投入；自治区第三次固原工作会议上明确提出固原市要大力发展设施农业。地区位置优势明显，固原市位于西安、兰州、银川三省会的交汇中心，拥有发展瓜果蔬菜生产的区位资源和季节差优势，具有开发“冬菜北上，夏菜南下”特色农产品生产基地的潜力。我们虽然拥有发展设施农业的许多有利条件，但也面临着诸多困难和问题，要高度重视，切实解决好。一是布局问题。固原市居地发展设施农业自然优势并不突出，要因地制宜选择设施农业的生产方式和品种，避免盲目性。二是技术问题。一方面群众习惯了传统生产方式，接受新观念、新技术、新的生产方式过程缓慢，加之科技文化素质相对较低；另一方面科技队伍庞大，但缺乏指导发展设施农业的技术和实践，需要加快知识更新。三是机制问题。设施农业在生产方式、经营管理理念与传统农业有质的差异，因此在充分发挥各级政府的引导、推动作用的同时，要努力构建与发展现代设施农业相适应的科技服务、市场运行、组织方式等新机制，推动产业健康快速发展。四是投资问题。设施农业属于高投入高产出、技术和劳动密集型产业，大部分农民自我积累有限，要加大政府引导性投入和信贷的支持力度。五是配套问题。尤其要水资源和灌溉设施配套，要一次性到位，确保设施农业起好步。

设施农业是一项技术复杂、涉及面广的系统工程，只要我们认真解决好每一个发展环节的问题，就一定能够推进设施农业和旱作节水农业健康发展。

二、思路、原则与目标

（一）指导思想与基本思路

1. 指导思想

以邓小平理论和“三个代表”重要思想为指导，全面贯彻落实科学发展观，按照中央和自治区发展现代农业及自治区第三次固原工作会议要求，立足本地自然资源比较优势，把发展设施农业和旱作节水农业作为建设社会主义新农村的突破口，发展现代农业的载体和抓手，调整农业结构、增加农民收入的重要措施。围绕提高水资源利用效率、农业增效、农民增收，以市场为导向，以科技为支撑，大力推广人工控制环境工程技术的现代设施农业生产方式，改造传统农业，在基础设施主体建设与配套、科技服务、品种优化、基地规模化、生产专业化等方面充分发挥政策引导和政府推动作用，夯实基础，培育特色，优化结构，提高效益，努力构建设施农业的综合服务支撑体系，推进设施农业的健康持续发展。

2. 基本思路

按照“依水布局、规模建设、突出特色、科技支撑、政府推动、园区驱动、项目扶持、产业化经营”的总体思路，科学规划，合理布局，精心组织，强力推动。在具备水源条件的河谷川道区、库井灌区和扬黄灌区建设移动塑料大中棚和日光温室为主的现代设施，推广设施农业集约生产经营技术，发展高质高效果菜、辣椒、食用菌、冷凉型蔬菜（芹菜、甘蓝）、网室高代脱毒种薯和枸杞特色品种。围绕开拓市场，培育壮大龙头企业，构建市场体系，培育市场营销队伍。加强产品质量安全管理，推行无公害绿色产品规模化和标准化生产，打造无公害、绿色的设施农产品品牌。力争建成西北黄土高原“冬菜北上、夏菜南下”的区域特色外向型农产品生产基地和旱作节水农业示范区。

（二）规划原则

1. 依水而建、节水高效的原则

根据水资源供给条件确定布局，在水源条件好的河谷川道区集中布局设施农业，在不具备补灌条件的河谷川道区和黄土丘陵区集中布局旱作节水农业。根据水资源供给能力，按照水资源供求平衡的原则确定发展规模。以创建节水型社会为统领，加强水利设施建设，大力推广工程、农艺、农机、生物和化学节水技术，努力提高水资源利用率。

2. 市场导向、科技引领的原则

充分发挥市场配置资源的基础作用，根据市场需求定位发展方向，确定发展规模，选择种植品种。创新科技服务机制，整合农业科技资源，鼓励支持科技人员以多种形式为发展设施农业服务。加强科技培训，积极引进和采用先进设施结构、生产方式和种植模式，大力示范推广新品种、新技术和新材料，推行无公害标准化生产，推动设施农业高产优质高效。

3. 政府推动、多方投资的原则

加大政府集中支持力度，调动各方面积极性，下大力气推进设施农业建设。以国家投资为引导，广泛吸引企业、合作经济组织、金融机构、农民投资为主体等各方多元化投入，参与项目建设，调动农民积极性，引导组织农民发展设施农业。

4. 因地制宜、相对集中的原则

在条件好的区域，以行政村为单位整村推进、相对集中规模发展，以利于病虫害统防统治，专业化技术服务和基地化市场营销。针对不同发展条件，建设不同的栽培设施，构建不同的运行机制，培育区域主打产品，形成一村一品、一乡一业的发展格局，走出区域特色的发展设施农业路子。

5. 突出重点、协调推进的原则

突出重点发展区域，重点生产设施，重点作物种类，重点实用技术、主导特色品种。在设施建设的同时，协调推进实用技术培训与推广，龙头企业扶持与引导，产品质量管理与监督，营销市场建设与开拓。

（三）规划目标

1. 总体目标

通过5年努力，到2011年，在有水利条件的河谷川道区发展以大中棚为主的设施农业27万亩，设施农业规划区户均达到1亩以上，在无灌溉条件的河谷川道区和黄土丘陵沟壑区发展旱作节水农业90万亩，旱作农业区人均种植1亩旱作特色农业，实现设施和旱作节水农业总产值18.69亿元，净产值12.18亿元，人均增收860元。把河谷川道区建成具有市场竞争力的设施农业产业带，把旱作雨养区建成抗旱稳定型的特色农业产业带。构建抗旱减灾的长效机制。

2. 设施农业目标

到2011年，设施面积达到27万亩。其中，节能日光温室6.14万亩（含1.01万亩食用菌棚），移动塑料大中棚20.86万亩。实现总产值13.65亿元，占种植业产值的20%以上。净产值9.1亿元，农民人均设施农业纯收入644元以上，对人均纯收入的贡献率达到23%以上。节水灌溉技术、设施农业生产技术和瓜果蔬菜新品种覆盖率达到95%以上，库井灌区、扬黄灌区的水效益提高30%以上，达到30元/m^3 以上。

3. 旱作节水农业目标

到2011年，以推广覆膜保墒、集雨补灌技术应用为主的旱作节水农业面积达到90万亩，其中，集雨补灌54万亩（含低压管灌6万亩）。实现总产值4.5亿元，净产值2.7亿元。旱作节水农业技术覆盖率达到80%以上，补灌效益达到5kg/m^3，水分生产效率提高50%，达到1.2kg/(mm·亩)。马铃薯、西甜瓜等特色种植平均增产20%以上，亩均增收80元以上，人均增收191元。

三、建设内容、规模与布局

（一）设施农业

到2011年，设施农业面积达到27万亩，其中，移动塑料大中棚面积20.86万亩，日光温室面积6.14万亩。

1. 原州区境内清水河、茹河、葫芦河流域补充灌溉区

主要包括：七营、黑城、三营、头营、清河、中河、彭堡、张易、河川、开城10个乡（镇），农业人口27.96万人。该区域现有补充灌溉面积24.4万亩（其中，井灌7.2万亩，扬水灌0.3万亩，库灌6.9万亩，扬黄灌10万亩）。到2011年发展设施农业8万亩，作物布局以果菜、网室枸杞为主，辅之瓜果和设施园艺。其中，七营、黑城、三营、中河、彭堡、张易、河川、开城发展移动塑料大中棚果菜和七营、黑城、三营网室枸杞生产6万亩，以头营、清河镇为主发展日光温室面积2万亩。

2. 西吉县境内葫芦河流域川灌区

主要包括：吉强、兴隆、将台、马莲、什字、硝河、新营、火石寨8个乡（镇），农业人口18.5万。现有补充灌溉面积15.6万亩（其中，井灌5.3万亩，扬水灌4.5万亩，库灌5.8万亩）。到2011年发展设施农业6万亩，其中，兴隆镇、将台、马莲、什字、硝河、火石寨发展移动塑料大中棚面积5.5万亩，吉强镇发展日光温室面积0.5万亩，全部建在库井灌区。种植作物以发展芹菜等冷凉蔬菜和网室马铃薯种薯繁育为主，辅之设施林果，具体布局是：胡芦河下游兴隆以南重点发展设施林果，兴隆以北地区重点发展芹菜等冷凉蔬菜和网室马铃薯种薯繁育。

3. 彭阳县境内红、茹河流域及长城塬引水灌区

主要包括：红河、新集、古城、白阳、城阳5个乡（镇），农业人口9.6万。现有补充灌溉面积8.1万亩（其中，井灌1.2万亩，扬水2.6万亩，库灌4.3万亩）。到2011年发展设施农业8万亩，其中，红河、新集、古城、城阳发展移动塑料大中棚面积5.36万亩，白阳镇为中心发展日光温室面积2.64万亩。全部布局在井库灌区。种植作物以辣椒、食用菌为主，辅之果菜和设施园艺。分区域布局为：白阳、城阳、红河等乡（镇）以发展移动塑料大中棚辣椒为主，古城、新集乡以食用菌为主，长城塬在发展移动塑料大中棚辣椒，辅之发展食用菌生产。

4. 隆德县境内渝河流域及好、温川灌区

主要包括：联财、神林、凤岭、沙塘、杨河、观庄、好水、奠安、温堡、城关10个乡（镇），农业人口14.29万。补充灌溉面积6.56万亩（其中，井灌0.6万亩，扬水1.6万亩，库灌4.3万亩）。2011年设施农业面积达到5万亩，其中，联财、神林、凤岭、沙塘、温堡乡发展移动塑料大中棚面积4万亩，城关镇为中心发展日光温室面积1万亩。全部布局在井库灌溉区。重点发展设施辣椒、番茄等果菜为主，辅之冷凉蔬菜。

（二）旱作节水农业

到2011年，在继续抓好以高标准旱作基本农田建设为主的综合治理的基础上，重点推广机械耕作、覆膜保墒和集雨补灌技术为主的旱作节水农业达到90万亩，其中，集雨补灌面积达到54万亩(含低压管灌6万亩)。

1. 原州区

旱作节水农业区涉及七营、黑城、三营、头营、清河、中河、彭堡、河川、开城、官厅、炭山、寨科、甘城13个乡（镇），农业人口36.26万人。到2011年推广旱作节水农业达到28万亩，其中，集雨补灌面积22.5万亩。以种植马铃薯、玉米、枸杞、向日葵等作物为主。

2. 西吉县

旱作节水农业区涉及吉强、兴隆、新营、硝河、马莲、什字、将台、沙沟等19个乡（镇），农业人口43.5万人。到2011年推广旱作节水农业达到32万亩，其中，集雨补灌面积13.5万亩。以种植马铃薯、地膜玉米为主。

3. 彭阳县

旱作节水农业区涉及红河、新集、古城、白阳、城阳、王洼、草庙、孟塬、小岔、交岔、冯庄、罗洼12个乡（镇），农业人口21.8万人。到2011年推广旱作节水农业达到17万亩，其中，集雨补灌面积10万亩。以种植地膜玉米、马铃薯、向日葵为主。

4. 隆德县

旱作节水农业区涉及观庄、好水、张程、奠安、联财、神林、沙塘、温堡、凤岭、城关10个乡（镇），农业人口15.29万人。到2011年推广旱作节水农业达到10万亩，其中，集雨补灌面积6万亩（含低压管灌面积达到4万亩）。以种植马铃薯、地膜玉米、中药材和蚕豆等为主。

5. 泾源县

旱作节水农业区涉及大湾、六盘山、泾河源、香水、新民、黄花、兴盛7个乡（镇）。到2011年推广旱作节水农业达到3万亩（含低压管灌面积达到2万亩）。以种植马铃薯、玉米、冷凉蔬菜、中药材等为主。

（三）种苗繁育中心、保鲜冷库建设

1. 种苗繁育中心

到2011年，建设瓜果蔬菜种苗繁育中心7处，面积770亩，建日光温室770座，配套蓄水窖770眼。其中，固原市良繁中心1处，育苗日光温室70座，面积70亩，蓄水窖70眼；原州区2处，育苗日光温室200座，面积200亩，蓄水窖200眼；西吉县1处，育苗日光温室150座，面积150亩，蓄水窖150眼；彭阳县2处，育苗日光温室200座，面积200亩，蓄水窖200眼；隆德县1处，育苗日光温室150座，面积150亩，蓄水窖150眼。

2. 保鲜冷库

建瓜果蔬菜保鲜冷库20 250m^2。其中，原州区4 500m^2，西吉县4 750m^2，彭阳县6 000m^2，隆德县5 000m^2。

（四）基础设施建设

1. 田间配套工程

（1）每亩移动塑料大中棚配套 50m³ 蓄水窖 1 眼或 25m³ 蓄水池 2 个，每亩日光温室配套 30m³ 蓄水窖（池）2 眼。27 万亩设施农业共配套建设蓄水窖（池）容积总规模 1 419.2 万 m³（50m³ 蓄水窖 168 640 眼，30m³ 蓄水窖 102 720 眼，30m³ 蓄水池 20 000 个，25m³ 蓄水池 83 125 个）。

（2）日光温室和移动塑料大中棚配套水肥一体化膜下滴灌设施，铺设总面积 25.99 万亩；食用菌棚配套微喷增湿设施 1.01 万亩。其中，原州区 8 万亩，西吉县 6 万亩，彭阳县 6.99 万亩，隆德县 5 万亩。

（3）旱作节水补灌 54 万亩（低压管灌 6 万亩），建 50m³ 集雨窖 7.4 万眼，配套 250m² 集雨场 7.4 万个。

2. 基础设施建设

（1）蓄水涝池。为保障设施农业补灌用水，随移动塑料大中棚和日光温室建蓄水涝池。共建 1 万 m³ 调蓄水池 420 个（420 万 m³）。其中，原州区 200 万 m³；西吉县 80 万 m³；彭阳县 100 万 m³；隆德县 40 万 m³。

（2）输水渠系、管道。建引水渠系 350km，低压输水管道 640km。其中，原州区引水渠系 50km，低压输水管道 200km；西吉县引水渠系 100km，低压输水管道 20km；彭阳县引水渠系 100km，低压输水管道 220km；隆德县引水渠系 100km，低压输水管道 200km。

（3）输电线路。搭建高压输电线路 110km，低压输电线路 493km。其中，原州区搭建高压输电线路 80km，低压输电线路 263km；西吉县搭建高压输电线路 30km，低压输电线路 80km；彭阳县搭建低压输电线路 80km；隆德县搭建低压输电线路 70km。

（4）生产道路。修建标准化生产道路 500km。其中，原州区 240km，西吉县 60km，彭阳县 100km，隆德县 100km。

四、投资概算与资金筹措

（一）投资概算

规划总投资 52.86 亿元（其中，设施农业 45.57 亿元，旱作节水农业 6.14 亿元，科技支撑体系建设 0.65 亿元，市场流通及质量安全体系建设 0.5 亿元）。

1. 设施农业建设总投资 45.57 亿元

（1）设施农业生产设施投资 29.38 亿元（包括塑料大中棚建设投资 17.11 亿元，日光温室建设投资 12.27 亿元），占总投资的 55.6%。

（2）设施农业配套生产设施建设投资 10.97 亿元［包括蓄水窖（池）6.56 亿元，节灌设施 3.9 亿元，微喷设施 0.51 亿元］，占总投资的 20.8%。

（3）基础设施建设投资 2.22 亿元（包括输水渠系（管网）0.43 亿元，涝池 1.16 亿元，输电线路 0.38 亿元，生产道路 0.25 亿元），占总投资的 4.2%。

（4）育苗中心、保鲜库建设投资 1.17 亿元（育苗中心投资 0.76 亿元，保鲜库 0.41 亿元），占总投资的 2.2%。

（5）贷款贴息 1.83 亿元（贷款总规模 13.91 亿元，即每亩日光温棚贷款 1 万元，每亩移动拱棚贷款 0.3 万元，贷款年利率 6.57%，三年偿还，贴息两年），占总投资的 3.5%。

2. 旱作节水农业总投资 6.14 亿元

（1）生产资料投入 0.81 亿元（90 万亩覆膜）。

（2）配套节灌设施投资 5.33 亿元（包括集水窖 7.4 万眼投资 1.63 亿元，集水场 7.4 万个投资 3.7 亿元）。

3. 科技支撑 0.65 亿元

（1）包括培训费 0.11 亿元。

（2）技术推广 0.54 亿元。

4. 市场流通及质量安全体系建设投资 0.5 亿元

（1）市场改扩建 2 693 万元。

（2）扶持市场流通体系 1 085 万元。

（3）绿色基地检测、品牌培育 1 231 万元。

（二）资金筹措

规划建设总投资 52.86 亿元。

1. 财政补贴 12.43 万元，占 23.51%

（1）生产建设补贴 10.6 亿元。支持环节：建日光温室 0.5 万元/亩，塑料大棚 0.3 万元/亩，科技培训与推广，产品质量安全体系建设，育苗中心、保鲜冷藏库。

（2）贷款贴息补贴 1.83 亿元。

（3）信贷支持 13.91 亿元，占 26.31%。支持环节：建日光温室 1.0 万元/亩，塑料大棚 0.3 万元/亩，地膜 90 元/亩，育苗中心、保鲜冷藏库建设。

2. 项目整合 18.51 亿元，占 35.02%

支持环节：设施及旱作农业配套的蓄水窖、蓄水池、膜下滴灌设施、微喷增湿设施、集雨窖、集雨场、基础设施蓄水涝池、引水渠系、输水管道、供电线路、生产道路的建设投资。

3. 农民自筹 8.01 亿元，占 15.15%

五、实施进度

（一）实施进度

设施农业 27 万亩，规划实施期 5 年（即 2007—2011 年），其中，2007 年 40 228 亩；2008 年 54 899 亩；2009 年 65 985 亩；2010 年 59 200 亩；2011 年 49 688 亩。

旱作节水农业实施期 5 年（即 2007—2011 年）。其中，2007 年 12.7 万亩；2008 年新增 17.9 万亩，累计达到 30.6 万亩；2009 年新增 19.9 万亩，累计达到 50.5 万亩；2010 年新增 21.7 万亩，累计达到 72.2 万亩；2011 年新增 17.8 万亩，累计达到 90 万亩。

（二）投资进度

规划总投资 52.86 亿元。投资进度为：2007 年 7.80 亿元，占总投资的 14.8%；2008 年 10.82 亿元，占总投资的 20.5%；2009 年 13.0 亿元，占总投资的 24.6%；2010 年 11.81 亿元，占总投资的 22.3%；2011 年 9.43 亿元，占总投资的 17.8%。

六、预期效益

（一）经济效益

到规划实施期末 2011 年，设施农业种植面积达到 27 万亩，年实现总产值 13.65 亿元，年净产值 9.11 亿元。运行期 10 年累计总产值 136.5 亿元，净产值 91 亿元。到规划实施期末 2011 年，旱作节水农业种植面积达到 90 万亩，年实现总产值 4.5 亿元，年净产值 2.7 亿元，建设期 5 年内累计总产值 22.5 亿元，净产值 13.5 亿元。种苗繁育面积达到 770 亩，实现总产值 5 390 万元，净产值 3 773 万元。运行期 10 年内总产值 5.39 亿元，净产值 3.77 亿元。水效益由原来的 22 元/m^3 提高到 30 元/m^3，增长 36%。

（二）社会、生态效益

通过实施规划，广泛推广应用新品种、新技术，深入开展技术培训活动，提高农民科技文化素质，更新农民传统经营理念，提高劳动生产率，发展劳动与技术密集型生产，推进集约化经营，拓宽农村劳动力就业渠道，吸纳和消化农村剩余劳力，增加农民收入。规划区覆盖农户 29 万户，人口 130.76 万人。到 2011 年，设施农业和旱作节水农业增加农民人均纯收入 860 元。

通过实施规划，提高农业现代装备和科学技术水平，提高光热水土资源利用率，提高农业抗御自然灾害能力和市场竞争能力，形成退耕还林草后续产业体系，巩固和发展生态建设成果，使农业步入可持续发展轨道，从根本上扭转“年年抗旱年年旱”的被动局面，构建农民增收长效机制；推进传统农业改造和增长方式转变，推进农业结构调整，推进现代农业发展和社会主义新农村建设进程。

七、保障措施

（一）加强领导，强力推动

设施农业和旱作节水农业建设是一项投资大、技术复杂、涉及面广的产业和系统工程，必须加强组织领导，强力推动。市、县（区）各有关部门都要把思想统一到区、市的战略部署上来，进一步增强发展设施农业和旱作节水农业的紧迫感、责任感和使命感。一是强化领导，建立一把手负总责、分管领导具体抓的领导责任制；二是建立目标管理责任制，把发展设施农业和旱作节水农业纳入各级党委、政府目标管理主要内容；三是成立相应领导机构，统筹各方，整合力量，强力推动。市、县（区）成立设施农业领导小组，由分管书记任组长，分管市、县（区）长任副组长，政研、发改、财政、农牧、科技、林业、水务、扶贫、审计、国土、交通、供电、农行、农村信用社等部门负责人为成员。成立设施农业领导小组办公室（简称设施农业办公室），具体协调抓好实施工作。设施农业领导小组聘请知名专家组成咨询组，为发展设施农业和旱作节水农业提供规划、设计及技术指导、咨询服务。

（二）落实政策，加大资金扶持

1. 认真贯彻落实土地承包政策

按照“依法、有偿、自愿”原则，积极引导农民合理地采取土地兑换、租赁、转包、股份合作、统建分管、补偿差价和有偿转让等多种方式，合理流转土地经营权，保证设施农业集中连片布局，向区域化、规模化、园区化方向发展。村集体土地在不改变使用性质的前提下，可采取集资入股、对外承包、出租等形式发展设施农业。

2. 建立多元化投融资机制

要构建以政府投入为引导、农民投入为主体、金融支持为补充、企业和民间投资为驱动的多元化投融资机制。

（1）积极争取项目支持。市、县（区）政府和各有关部门要按照整合项目，整合资金，加大投入的要求，加大设施农业建设项目申报、立项争取工作，确保政府投入资金到位。

（2）加大金融支持力度。金融机构要进一步改善农村金融服务，每年从信贷资金中安排一定比例资金发展设施农业，特别是要总结推广“绿色金融通道”经验，借鉴“小额信贷”机制，探索专项担保基金、担保公司机制，确保项目贷款额度，解决农民担保难、贷款难的问题，积极支持设施农业发展。

（3）积极吸引民间资本投资。鼓励和支持社会力量采取股份制及股份合作制等多种形式投资设施农业建设。对投资建设或承包租赁经营设施农业的企业和法人给予优惠条件。一是享受与当地农民平等的产业扶持优惠政策。二是开发利用四荒地或国有后备土地资源发展设施农业，可按租赁方式供给，土地使用期限为30~70年，每亩年租金10~20元。三是在固原市境内投资发展设施农业的外资企业所需征地，由客商选择租赁和出让等方式。

（4）建立风险防范机制。申请自治区财政安排专项资金，制定设施农业风险补助政策，实行设施农业风险补贴；或建立设施农业风险基金，构建设施农业保险机制，鼓励农民和企业积极投保，降低设施农业自然灾害风险和市场风险。

3. 创新机制，强化科技支撑

推进设施农业和旱作节水农业发展，机制创新，强化科技服务是重要环节，为此要组建好一支队伍，构建两大体系，推行五大新机制。

（1）组建一支队伍。整合农业科研、教学及技术推广机构的科技资源，通过强化培训，使之成为指导发展设施农业的技术骨干，引领产业健康发展。

（2）构建两大体系。一是设施农业技术体系。突出主导产品，采取引进、试验、示范、推广，总结建立适宜不同区域的主导产品良种良法配套的生产技术标准，全面提高设施农业的标准化水平和经济效益。二是建立旱作特色农业技术体系。围绕提高水资源利用效益，总结推广保护性耕作和免耕法，提高“土壤水库”蓄容能力；总结推广集水补灌、坐水点种、集雨节灌技术；大力推广覆膜保护地种植；配套生物、农艺、化学抗旱节水等旱作农业节水技术体系。

（3）创新五大机制。一是创新运行机制。形成政府推动、农民主体、部门帮扶、全社会参与的工作机制。同时，鼓励支持组建一批经营性科技服务型企业、中介组织、销售企业和科技人员采取承包、租赁、股份合作、技术入股、资金入股等多种形式参与设施农业建设和经营，千方百计引导龙头企业，建立企业带基地、基地带农户的产加销一体化运行机制。二是创新科技服务机制。大力推行科技特派员制度，鼓励支持科技人员带薪采取技术资金入股等形式与农户建立利益共同体，开展技术服务，鼓励支持科技人员到生产一线开展技术承包和技术有偿服务，充分调动科技人员的积极性，建立科技人员直接到户、良种良法直接到田，技术要领直接到人的科技服务机制，切实解决好发展设施农业的技术保证的问题。三是创新科技人员考核奖惩机制。全面推行聘任制。对科技人员实行双向选择（农户选择科技人员或科技人员选择农户）、工效挂钩（科技人员工资与农户收益挂钩）、末尾解聘（指导农户达不到收益指标，解聘其专业技术职务 1 年）的淘汰机制。设立设施农业专项奖励资金，对完成技术服务任务，指导农民达到收入指标的以奖代补，每月补助交通费 50 元，对作出突出贡献者予以重奖。四是创新科技培训机制。加强县乡科技人员的培训，对现有县乡科技人员采取送出去或请专家到现场指导培训等多种形式，对现在县乡科技人员用 1~2 年时间全部轮培 1 次，使其成为发展设施农业的中坚力量和技术保障。加大对农民的培训，把设施农业培训纳入“百万农民培训工程”和“科技入户工程”和农村劳动力转移就业专业技能培训的主要对象。统一安排，整合资源，先行培训。利用 5 年时间，对 27 万亩设施从业农民轮训 1~2 次，要推行入户培训的形式，手把手教给农民种，教给农民用，教给农民管，教给农民收，真正达到让农民熟练掌握设施农业生产、管理、经营的基本技术要领。培训实行分级负责，市上主要负责组织培训县乡农业技术人员，县上负责组织培训村技术员和农户。五是创新技术研发机制。抓好设施农业示范园区建设，把示范园区建设作为推动设施农业发展的有效方式，高标准建设、高效生产，市、县（区）都要抓 1~2 个核心示范园区，鼓励支持科研院所、科技企业、科技人员进入园区开展新技术、新设施、新品种引进和种苗繁育，技术服务创新，对于开展设施农业技术创新的单位、企业、个人在项目、经费上给予优先支持，培育主导产品核心生产技术，使之成为设施农业科学合理安排茬口、优化品种、节水灌溉、配方施肥、病虫害防治、良种良法综合技术应用示范区，使之成为新品种引进试验、新技术示范推广、综合技术组装配套与技术培训于一体的核心基地。

4. 培育市场，推进产业化经营

（1）加快以批发市场为重点的市场体系建设。紧紧围绕设施农业区域布局及规划设计，重点抓好原州区、西吉、彭阳 3 个产业大县，建设规模大、辐射区域广、功能齐全、带动能力强的产地农产品批发市场建设，要按照“谁投资、谁受益”的原则，多方位筹集资金，加快现有市场的升级改造，改善交易条件，增强交易功能，提高运营效益。

（2）推进产业化经营。鼓励支持龙头企业参与设施农业生产、产品保鲜、加工和市场销售，延伸产业链，提高设施农业的市场竞争力；鼓励支持农民个体进入流通领域，开展代理批发、中介等产品营销活动。加快产业化经营步伐，采取多种形式，开展无公害、绿色产品推介，着力打造固原市无公害、绿色产品的品牌。

（3）发展以农民为主体的农村合作经济组织。引导和支持农民发展各类合作组织、专业协会和中介组织，培育产地设施农业经纪人市场营销队伍，提高农民自我组织和服务能力。以培育和发展农村合作经济组织为突破口，在农户与企业、农户与市场、农户与农户、农户与政府之间形成纽带和桥梁，提高产业组织化程度和经营水平，着力推进设施农业健康发展。

（4）加大信息网络建设，强化信息服务。构建固原市设施农产品信息平台，强化“三电”（电话、电视、电脑）信息服务功能，利用现代传媒网络与销地大市场实现信息联网，及时快速反映预测销地市场，以市场为导向，合理规划品种布局和茬口配置，按照市场需求组织生产。

5. 狠抓源头，健全质量安全体系

（1）认真执行国家设施农产品无公害化和绿色食品标准，加快建立设施农产品标准化体系，全面推行标准化生产和管理。

（2）从源头抓起，加强对设施农产品的全程监测和管理，规范农业投入品的管理和使用。大力推广测土配方施肥，有害生物农业、物理、生物防治，推广无公害、绿色食品生产技术，引导和指导农民科学施肥、安全用药，确保农产品质量安全。

（3）加快设施农产品质量安全体系建设。及早做好农产品无公害、绿色产品的认证工作，逐步建立健全农产品质量监测机构和网络，定期对设施园（区）农产品进行抽检，加强对生产基地人员培训，提高农产品质量安全水平。

6. 强化管理，加大检查考核

（1）加强建设管理。工程建设实行招投标制、法人责任制、工程质量监理制、经济责任合同制，严格按照“四制”要求，确保工程质量和建设进度。

（2）加强检查验收。按照市政府制定的设施及旱作农业“两个规范”“一个办法”，成立设施农业验收小组，对发展设施农业的工程建设规范、资金使用情况和项目规划、管理制度、任务完成情况、建设标准、质量、经济效益等进行统一考核验收，保证设施农业建设实现预期目标。

（3）严格考核奖惩。建立设施农业发展目标管理责任制，实行单项考核，加大考核权重。对分年发展建设目标任务，每年由市委、政府领导与县（区）党委政府主要领导签订责任书，明确责任、任务、目标，依据《固原市设施农业和旱作节水农业验收和考核试行办法》严格考核。市、县（区）设施农业领导小组成立验收组，在每年12月进行项目进度、质量、效益和管理水平的年度验收，并根据《年度验收报告》综合评价分值，对第1、2名县（区）和成绩突出的部门及项目管理人员给予单项奖励，对考核末尾的县（区）和市直部门进行问责。

第二节　固原市高原冷凉蔬菜产业发展规划（2014—2020年）

一、规划背景

（一）蔬菜产业的健康稳定发展关乎国计民生

我国是世界蔬菜生产第一大国，在市场经济杠杆的作用下，蔬菜已超过粮食作物成为我国及宁夏第一大农产品，是农民增收的重要经济支柱。据联合国粮农组织（FAO）统计，中国蔬菜播种面积和产量分别占世界的43%和49%，均居世界第一。2012年全国蔬菜播种面积达3.05亿亩，蔬菜总产量高达7.02亿t，产值超过14 000亿元，约占种植业总产值的1/3，蔬菜产业吸纳城乡劳动力就业1.8亿，对农民人均纯收入贡献840元，蔬菜出口934.9万t，出口创汇100.1亿美元，进出口贸易顺差95.9亿美元，对于平衡491.9亿美元农产品贸易逆差起到了至关重要的作用，蔬菜产业已由原来单纯的保障大中城市蔬菜供应拓展到“保供，增收，就业，创汇”四大功能，成了保障城乡居民蔬菜供给、增加农民收入、拉动城乡就业和扩大出口创汇的朝阳产业。

保障蔬菜产业的健康发展关乎国计民生。自1984年蔬菜产品销售率先走出农产品供应计划经济框架和1988年实施“菜篮子”

工程以来，我国蔬菜产业得到了快速发展，蔬菜产业成为各地农业产业结构调整和发展现代农业的急先锋、广大消费者和各级政府高度关注的热点产业。不管是阶段性区域性的“卖菜难”菜贱伤农，还是时时牵动市场敏感神经的“买菜贵”引发 IP 指数上升、物价上涨，或是偶发的某地蔬菜农残超标引发的市民紧张，蔬菜产业的方方面面无不和我们的日常生活息息相关。

近年来，固原市受区内外多种因素影响，农产品等生活必需品价格上涨较快，物价总水平逐年攀升，加大了城乡居民特别是中低收入群体生活负担。特别是蔬菜价格的持续上涨，引起了自治区各级党委、政府的高度重视，要求大力发展“菜篮子”产品生产，确保主要农产品种足种好和有效供应，保持农业农村经济发展良好态势，为稳定市场价格、保障群众基本生活做出积极贡献。

（二）高原冷凉蔬菜是城市保供和农民增收的朝阳产业

高原冷凉蔬菜即高山夏秋淡季蔬菜，是指在高山（高原）可耕地，利用高海拔（800~2 600m）区域夏季自然冷凉气候条件生产的天然反季节商品蔬菜。由于具有成本低、品质优、市场效益好的优势，我国高山（高原）蔬菜播种面积已发展至 2 200 万亩，产值逾 500 亿元，对保障我国广大市民 6—10 月夏秋淡季喜冷凉蔬菜和喜温蔬菜市场供应安全及带动山区农民脱贫致富发挥着重要作用。

高原冷凉蔬菜充分利用高山“天然冷库”的自然气候条件及优质生态环境，将“无公害”与“反季节”、“生态”与“高效”在山区有机结合，利用高山优良的生态环境发展绿色食品蔬菜具有得天独厚的有利条件。一方面，由于 6—9 月的高温暴雨及相伴而来的病虫害使广大低山平原地区蔬菜（尤其是喜冷凉蔬菜）的生长环境条件变得恶劣，蔬菜生产成本提高，质量与产量下降。而此时海拔 800~1 600m 的高山地区日均温度仅有 15~25℃，非常适合蔬菜（尤其是喜冷凉蔬菜）生长，病虫害也较少。生态环境保护较好的高山地区蔬菜生产基本不使用（或很少使用）农药，是低成本发展夏季天然反季节无公害蔬菜的理想场所；另一方面，高山可耕地远离城市，山高人稀，空气清新、水质清澈、土壤和水质无“三废”污染，是一方未被污染的净土，各类蔬菜作物的生产基本都能达到无公害绿色食品标准。此外，高山蔬菜还具有品质优势，因高山地区昼夜温差大，利于蔬菜作物生长发育和物质积累，蔬菜产品可溶性固形物含量高，营养丰富；还因高山区域空气湿度高，所以高山蔬菜质地脆嫩多汁，商品性好。

我国高山蔬菜以甘蓝、大白菜、萝卜、绿叶菜类等喜冷凉蔬菜和辣椒、番茄等喜温蔬菜为主，生产基地主要分布在秦岭和南岭之间的武陵山区（鄂、湘、渝、贵）、秦巴山区（陕、鄂、渝、川、豫）和大别山区（皖、豫、鄂）、六盘山区（陕、甘、宁）以及河北坝上等涉及十多个省市120多个高海拔市县，如贵州毕节、陕西太白、宁夏固原等，这些边远山区既是我国集中连片特殊困难地区，也是革命老区，科学推进该地区高山蔬菜产业发展，对贯彻落实党的十八大提出的收入倍增计划意义重大。

随着全球气候暖化趋势加剧，利用高海拔山区夏季天然的冷凉气候资源生产的冷凉蔬菜，在品质、价格、安全性方面优势愈加明显。

（三）发展冷凉蔬菜是固原转变农业经济发展方式的科学选择和战略决策

固原市属集中连片特殊困难地区重点市之一，自然资源匮乏，水资源紧缺，在工业不甚发达的情况下，而靠粮食等大宗农作物生产很难在短时间内使本地农民脱贫致富，经济发展更多的职能倚重于高效农业的发展。据统计，蔬菜每亩产值为粮食的5.31倍，棉花的3.11倍，油料的4.84倍；净利润为粮食的10.2倍，油料的6.88倍，成本利润率为粮食的2.71倍，油料的1.78倍，蔬菜种植的经济效益明显优于粮、棉、油的经济效益；由于生长期短，生产成本低，而产品品质好，市场广阔，使高山蔬菜生产效益近年来总体保持较高效益的势头。高山蔬菜一般亩平均单季产量为

3 000~4 000kg，亩产值200~4 000元不等，而成本一般不到1 000元，单季纯收一般为2 000~3 000元，高的可达到6 000~8 000元，而高山蔬菜更能在低成本的前提下实现高效益，较高的比较效益使发展高山蔬菜成为固原发展高效农业的重要考量之一。

但通常情况下蔬菜生产需要大肥大水高投入，蔬菜大调大运需要交通便利，对于缺水少路、偏僻贫困的固原来说发展蔬菜产业无疑是一大挑战。但凡事物都有两面性，偏僻的高原留存了洁净的生态环境，高海拔的地势能在炎热的盛夏独占冷凉气候资源，缺水加高纬度使得本地土壤富钾，阳光充足，病虫害减少，夏季低温少雨光照充足营造了发展冷凉蔬菜的有利条件。随着国家西部大开发战略的启动，固原交通条件大幅改善，各种扶贫政策逐步落实，只要选准市场产品，科学采用节水灌溉方式，在保护生态环境的前提下，充分利用夏季冷凉气候资源，趋利避害适度规模发展高原夏季冷凉绿色食品蔬菜是完全可行的。

事实证明，在固原发展冷凉蔬菜这条路是对的。2011年以来，固原市蔬菜逐步扩面、提质、增效，坚持规模化、规范化、标准化生产，形成了原州区冷凉瓜菜、西吉芹菜和马铃薯、隆德供港蔬菜和彭阳辣椒等一批无公害、绿色、有机的“六盘山”冷凉蔬菜生产基地。截至目前，全市冷凉蔬菜面积达到52.6万亩（其中，日光温室6.61万亩，大中拱棚14.2万亩、露地31.79万亩），高山冷凉蔬菜种植大户年纯收入高的可达8万~20万元，成为农民增收的新亮点。冷凉蔬菜的持续发展，对落实“菜篮子”工程，保障主要农产品有序供给，增加农民收入，保持农村经济平稳较快发展意义深远。这样的经济效益在偏远高原地区实属不易。

发展高原夏菜生产周期短，成本低，见效快，并可迅速发展成为本地农业经济的一大支柱产业，不仅为高山地区农民探索了一条脱贫致富之路，在解决华中、华南、华东大中城市夏秋时节绿色食品蔬菜供应方面也发挥了重要作用。同时，在冷凉蔬菜作为主导产业形成规模后，还能有力带动基地与冷藏、加工配套形成产业链的延伸，解决农村剩余劳动力就业。产业的发展还可带动种子、农药、肥料、农膜等生产资料的销售，带动工业产品的销售，带动运输业的发展，带动宾馆住宿、餐饮业等服务业的发展，整体带动第三产业的发展。

2009 年农业部公布并实施了《全国蔬菜重点区域发展规划（2009—2015 年）》，宁夏固原也被列入北部高纬度夏秋蔬菜优势区域。

（四）固原科学规划和发展冷凉蔬菜将为六盘山集中连片特殊困难地区脱困做出重要探索

六盘山集中连片特殊困难地区跨陕西、甘肃、青海、宁夏四省区，是国家新一轮扶贫开发攻坚战主战场之一。2012 年 8 月，国务院扶贫开发领导小组办公室、国家发展和改革委员会根据《中国农村扶贫开发纲要（2011—2020 年）》（中发〔2011〕10 号）的要求，并遵照《国民经济和社会发展第十二个五年规划纲要》《中共中央、国务院关于深入实施西部大开发战略的若干意见》及《关于下发集中连片特殊困难地区分县名单的通知》（国开发〔2011〕7 号）等相关重要文件精神，结合六盘山片区集少数民族地区、革命老区于一体，干旱少雨、水土流失严重、贫困面广、程度深的实际情况，编制印发了《六盘山片区区域发展与扶贫攻坚规划》（国开办发〔2012〕63 号），该规划区域范围包括宁夏四省区的集中连片特殊困难地区县市区 61 个，其他县区 8 个，共 69 个，固原列入其中。

该规划按照“区域发展带动扶贫开发、扶贫开发促进区域发展”的基本思路，着力加强基础设施建设和改善农村基本生产生活条件，着力开发人力资源和壮大特色优势产业，着力发展循环经济和强化生态建设，将六盘山片区建设成为现代旱作农业示范区、循环经济创新区、文化旅游重要目的地、国家向西开放重要枢纽、黄河流域生态修复重点区和民族团结进步示范区。农业发展区（主要包括河谷、塬地和低山丘陵地区）以农业生产空间和农村聚居空间为主，推进农业结构调整，促进农业生产和生态环境相协调，积极发展现代农业，要求到2015年，现代旱作节水农业等特色产业加快发展，产业结构得到优化，经济发展能力明显增强，城乡居民生活水平明显提高，贫困人口数量减半，全面建成小康社会的基础更加牢固。

到2020年，稳定实现扶贫对象不愁吃、不愁穿，现代产业体系初步形成，经济增长质量和效益进一步提高，生态环境明显改善，城乡居民收入和经济总量同步增长，农民人均纯收入增长幅度高于全国平均水平，发展差距扩大趋势得到扭转，与全国同步实现全面建设小康社会目标，这个目标对于资源相对匮乏的六盘山区极具挑战性。但近年来固原冷凉蔬菜产业发展迅速，为农业增效、农民增收和保障城乡居民菜篮子供应作出了积极的现实贡献。着眼长远，科学规划和推进固原市高原冷凉蔬菜产业稳步发展，不仅对进一步提升固原市特色产业发展水平具有重要意义，固原科学规划和发展冷凉蔬菜的成功无疑将以点带面为六盘山集中连片特殊困难地区脱困作出重要探索。

二、固原蔬菜产业发展现状

(一) 固原蔬菜产业基本情况

在市场机制作用下，宁夏近年来蔬菜生产面积逐年增大，2012年宁夏蔬菜生产面积330万亩，总产量683万t，总产值78.7亿元。其中，蔬菜生产面积218万亩，西甜瓜种植面积112万亩。蔬菜生产中设施面积120万亩，露地蔬菜98万亩。全区人均蔬菜占有量749kg，高于全国平均水平。蔬菜除供应本区外，70%销往周边及南方省区，并成功进入北京、中国香港和俄罗斯、蒙古、中亚等市场。外销主要品种为番茄、辣椒、黄瓜、茄子、芹菜、菜心、芥蓝等，年外销量390万t以上。全区蔬菜年消费量236万t，自给153万t，外调83万t，外调蔬菜呈季节性和结构性变化特点。冬春季客菜占70%，夏秋季客菜占30%。

固原是发展冷凉蔬菜的适宜地区，在全区的夏季蔬菜供用中占有重要地位。目前，全市冷凉蔬菜种植面积52.6万亩，总产量约180万t、总产值约20亿元，农民人均纯收入达900元以上。除泾源县种植面积较小外，原州、西吉、隆德、彭阳等市县（区）发展效果明显。其中，原州区坚持“冬菜北上、夏菜南下”的生产方针，在发展城郊型蔬菜基地的同时，加大露地外销型优势冷凉蔬菜基地建设。冷凉蔬菜面积达到23.07万亩，年产各类蔬菜80万t，总产值6亿元。主要分布在官厅、中河、彭堡、头营、三营、黄铎堡等清水河流域。建立了南河滩、火车站等5个蔬菜批发市场，11处集镇以上农产品销售市场，3个蔬菜预冷库，1个脱水蔬菜厂，培育了18家蔬菜合作社，初步形成以蔬菜收购营销点为基础，运销合作组织为龙头，运销大户为骨干的市场营销体系，产品远销上海、西安、武汉等全国20个大中城市和港澳台地区。西吉县发展以芹菜、胡萝卜、大拱棚番茄、西蓝花等为主的特色蔬菜种植11.5万亩，年产以芹菜为主的各类蔬菜49万t，总产值6.7亿元。主要分布区域为葫芦河川道区的新营、吉强、硝河、马莲、将台、兴隆等乡镇。围绕冷凉蔬菜生产、加工、销售等环节，组建了西吉天绿、三农、祥农、富裕、天裕等100多家蔬菜合作社，发展贩运大户及经纪人50多个，培育营销人员500多人。形成了“龙头企业+基地+农户+市场”“贩运大户+合作社+农户+市场”等经营模式。已开拓了21省43个大型农产品批发市场，产品主要销往上海、合肥、武汉、长沙、重庆、西安、郑州、洛阳、襄樊、南阳、宝鸡等大中城市，销售渠道畅通、效果良好，经济效益显著。隆德全县蔬菜总种植面积6.5万亩，其中，设施面积2.38万亩(包括花卉、果树、食用菌)、露地蔬菜3.92万亩。年产辣椒、番茄、甘蓝、娃娃菜、菜心、芥蓝等蔬菜21.7万t，总产值2.38亿元。主要分布区域为城关、沙塘、联财、神林、温堡等乡镇。彭阳县发展以辣椒为主的冷凉蔬菜生产基地11万亩，其中，设施蔬菜9.6万亩。年产以辣椒为主的各类蔬菜29.6万t，总产值4.7亿元。主要分布区域为古城、新集、白阳镇、红河、城阳等乡镇。建立辣椒批发市场5处，配套预冷贮藏库14座，引进龙头企业4家，组建辣椒专业合作组织20多家，培养营销大户50多家，形成“支部+协会+基地+农户”的发展模式，建立覆盖西安、兰州、宝鸡等大中城市的营销网络和信息、技术交流互动机制，90%以上的辣椒实现区外销售。

（二）固原发展蔬菜产业的优劣势分析

固原发展冷凉蔬菜产业的优势和劣势并存，高原高纬度独有的夏季天然冷凉且光照充足气候条件、深厚而富钾的土壤、西部居中的地理位置，以及生态原始、红色文化优势无疑都是发展绿色冷凉蔬菜产业的有利条件。而水资源匮乏且分布不均和自身投入不足、劳动力外流等只是比例因素。但随着国家西部大开发战略的实施，水资源和交通环境将不断改善，加之科技进步与市场需求牵动，这些都为审时度势，趋利避害，科学规划和发展冷凉蔬菜产业提供了难得的机遇和广阔的发展空间。

1. 高原气候明显，耕地和劳力存量充足

固原地处西部内陆地区黄土高原上的六盘山下，主要地形结构为高山丘陵区，平均海拔1 248~2 955m，主要山脉六盘山呈南北走向，主峰美高山（米缸山）海拔2 931m、月亮山海拔2 633m、云雾山海拔2 148m。境内气候属南部温带半温湿区至半干旱区，是典型的大陆性季风气候，年平均气温6.2℃、平均降水量492.2mm，主要集中在7、8、9三个月，平均无霜期120~150天。年日照时数2 300~2 600h，冬无严寒，夏无酷暑，夏季气候冷凉，7—9月日均温15~28℃，昼夜温差大，平均日较差10~15℃且日照充足，对发展夏季高原冷凉蔬菜有利。

全市总土地面积10 537.5km^2，其中，耕地面积587.2万亩（分黄土丘陵沟壑区、河谷川道区和阴湿土石山区），土壤类型以黄绵土、黑垆土、灰钙土为主，其中，有效灌溉面积64.7万亩。地质、气候、土壤环境的复杂性造就了农产品的多样性，尤其是河谷川道区土层深厚，南方土壤普遍缺乏的钾、钙含量尤为丰富、偏碱，夏季水源相对有保障，适合发展蔬菜产业。

2012年年底全市总户数为44.24万户，户籍总人口154.23万人，其中，男79.41万人，女74.82万人，农业人口127.32万人，非农业人口26.91万人，回族人口71.47万人，占总人口的46.3%。固原市是全国回族主要聚居区之一，民族特色突出，“清真”优势明显。由于工业欠发达，大量剩余劳动力外流，属人口输出大市，发展蔬菜产业的潜在劳动力有保障。

2. 水资源总量有限，分布不均，利用效率偏低

固原是宁夏唯一不直接靠黄河的地区，地表水主要以清水河、葫芦河、渝河、泾河、红河、汝河等河流为主，年平均径流量7.28亿m^3。地下水总储量约3.24亿m^3，其中，有0.8亿m^3因埋藏太深或矿化度高于5g/L而难以开采利用，真正能开发利用的有2.44亿m^3。

全市水资源主要依靠降水所形成，多年平均降水量由西北向东南为240~650mm，80%以上的面积地处400mm以下的干旱半干旱地区，蒸发量高达1 600~2 000 mm，水资源总量（也是地表水径流总量）为5.66亿m^3，完全以地表水补给所形成的地下水总量（与地表水100%重复计算）为2.797亿m^3，水资源总量仍为5.66亿m^3；可供农业用水量为1.4亿m^3，占水资源总量的25%，其中，蓄水工程（中小水库）供水0.58亿m^3，主要在清水河、葫芦河及泾河；扬水工程供水0.24亿m^3，地下水（农村机电井）供水0.55亿m^3，集雨工程（水窖）供水量0.04亿m^3。当地水资源不仅量少，人均占有地表径流量392m^3，耕地亩均占有量112m^3，分别为全国平均水平的18%和6%。

全市现有中小型水库148座，新增库容9 701万m^3，使全市水库设计库容达到8.08亿m^3，现有库容4.703亿m^3，占设计库容的58.2%；建成塘坝、骨干坝、淤地坝等682座；打农灌机井1 348眼，建成大口井、土园井、水窖126 076眼；建扬水泵站219处，配套流动灌溉机泵 198 台。

截至 2010 年，全市设计灌溉面积 81.945 万亩，农田有效灌溉面积达到 59.66 万亩，其中，库灌面积 27.96 万亩，机井灌溉面积 14.67 万亩，扬水灌溉面积 10.65 万亩，引水灌溉面积面积 0.075 万亩，其他高效补灌面积 6.3 万亩。推广节水灌溉面积 39.78 万亩，其中，低压管灌节水面积 9.05 万亩，已发展喷灌 3.53 万亩、微灌 1.22 万亩、渠道防渗面积 25.98 万亩。农田小畦节水灌溉面积达到 90%。建成了万亩以上灌区 14 处，灌溉面积 32.115 万亩；2 000 亩以上万亩以下灌区 43 处，灌溉面积 20.235 万亩；2 000 亩以下灌区 89 处，灌溉面积 7.26 万亩。全市配套干渠 1 088.16km，衬砌配套干渠 776.67km，占干渠总长度的 71.4%。配套支、斗渠道 2 763.47 km，衬砌支、斗渠 1 113.39 km，占支、斗总长度的 40.3%。

固原地处干旱半干旱地区，水资源总量 1.26 亿 m^3，人均占有量为 282m^3，是全国人均占有水资源量的 13%，是典型的水资源缺乏地区。冷凉蔬菜是在露地发展的一项有特定要求的农业产业，尤其是对环境和水源要求较高。但目前产业发展布局与区域水资源分布契合度不高，有限的水资源季节和区域分布不均，水资源利用效率不高，影响产业后续发展。目前，固原现有主要蔬菜种类栽培模式及灌溉情况如表 2-1 所示。

表 2-1 固原现有主要蔬菜种类栽培模式及灌溉情况

种类	需水来源	漫灌耗水量	栽培区域	备注
芹菜	大水漫灌为主，结合小面积微喷灌	520~560m^3/亩	原州区 西吉县	西吉县目前部分集中区域采取微喷灌
辣椒	大水漫灌为主，结合小面积滴灌	410m^3/亩	彭阳县	彭阳部分集中产区配套滴灌
大白菜 娃娃菜	大水漫灌	478~504 m^3/亩	隆德县 原州区	
胡萝卜	自然降水为主结合小面积高架喷灌		西吉县	部分合作社采取高架喷灌

芹菜：目前，西吉县芹菜栽培模式为露地覆膜压沙栽培，该模式虽然利用地膜可以控制一定的水分蒸发，降低耗水量。但灌溉仍然采取大水漫灌，造成较大水分浪费，而且该模式对河沙和人工的需求量较大，达不到节能降耗的目的；原州区芹菜主要采取露地育苗移栽种植模式，该模式对水资源依赖程度巨大，而且灌溉主要依靠大水漫灌，水分流失和蒸发量巨大。

辣椒：彭阳县拱棚辣椒采取起垄覆膜双行定植模式，地膜的应用虽然起到保水的作用，但是灌溉仍然大面积采取沟灌方式，地膜只对膜下水进行了防止蒸发的抑制作用但对于膜上灌溉水无法起作用。

大白菜、娃娃菜：原州区、隆德县主要栽培模式为露地开放式垄栽，灌水后的根际周围水分和沟渠中水分都无法得到较高的利用，水资源消耗巨大。

胡萝卜：西吉县胡萝卜目前规模化种植为了确保产量采取高架喷灌模式。小户种植基本不采取人工补水，产量受自然降水量影响较大。

此外，产区种植集约化程度不够，部分生产基地一地多品、一地多模式造成了灌溉设备不统一、灌溉方式多样化、劳动力成本增加、生产效率降低。如部分千亩园区内同时进行芹菜、娃娃菜等多种类蔬菜的种植，而且不同地块采取如沟灌、滴管、喷灌等多种形式的灌溉方式，不仅增加了管理难度，而且增加了水渠、管路的复杂性，造成了管理困难、收益下降的结果。

灌溉模式以传统为主，现阶段除部分设施配套完善的产区可以实现水资源高效利用外，其他规模化产区由于基础条件不足和传统思想约束仍然采取大水漫灌方式进行浇灌。目前的部分芹菜种植小户、辣椒种植小户、大白菜和娃娃菜种植户由于受传统思想约束和政策扶持不到位的影响依旧采取大水漫灌的补水方式。

节水灌溉制度支撑不足，冷凉蔬菜的区域性水分需求、适宜品种的灌溉要求、适宜灌水量、灌水时间、灌溉次数等量化管理技术，目前，由于研究不足及研究成果辐射普及力度不够造成水资源不能够高效利用。针对一个大型地方性产业，为了产业科学而可持续的发展，急需开展针对地域性的详细科技攻关去解决上述问题。

所以，认真做好“水”文章，充分利用地表水、合理开发地下水、科学调度扬黄水，高标准建设高效节水示范基地等工作内容是固原冷凉蔬菜产业可持续发展的有力抓手。

3. 地理位置西部居中，红色文化优势明显

固原市位于宁夏南部的六盘山地区，辖西吉县、隆德县、泾源县、彭阳县和原州区，历史悠久，曾是我国古代西北重镇之一，是丝绸之路必经之地，是陕甘宁革命老区振兴规划中心城市，宁南区域中心城市，政治，经济，文化中心和交通枢纽。固原也是著名的革命老区，红色旅游城市，是长征十大潜力城市之一，六盘山是1935年中国工农红军长征翻越的最后一座大山，也因毛泽东当年写下的壮丽词篇《清平乐·六盘山》而驰名中外。固原还是全国最大的回族聚居地（回族人口占全市44.5%），是伊斯兰文明与中原文化交汇处。西吉是中国文学之乡，隆德是中国书法之乡。

“六盘山”独特的地域环境孕育了适合于当地发展的农业产业，冷凉蔬菜产业作为新兴产业得到了迅速发展，成为中国西部冷凉蔬菜生产基地。“天高云淡六盘山，回乡绿色农产品”是固原市地域环境优势和农产品质量的名片，这里生产的冷凉蔬菜，色泽鲜亮、脆嫩多汁，芳香甘甜，商品性、营养性、可口性深受消费者喜爱。红色文化、回乡文化、六盘山文化都有利于“六盘山”蔬菜品牌的塑造。

固原市处于陕西省西安市、甘肃省兰州市、宁夏回族自治区银川市三省府城市所构成的三角地带中心，是陕甘宁革命老区振兴规划中心城市中前景极佳的待开发地区，六盘山片区是区域发展与扶贫攻坚规划主战场，亦是中央确定重点扶贫的“三西”地区之一。拥有中央给予的优惠政策和地方制定的一系列投资优惠政策，这些都是固原发展冷凉绿色蔬菜产业的有利条件。

4. 经济相对滞后，特色产业发展呼之欲出

在全国各地商品蔬菜大发展，供求总量趋于平衡的大背景下，我国商品蔬菜基地逐步向优势区域转移，各地蔬菜通过低成本和特色参与大流通、大循环并取得市场优势。借助国家、自治区产业政策的有力扶持，固原市大力实施市委、政府提出的“特色农业增效战略”，充分利用高海拔、气候冷凉、土壤深厚、有机质含量高、天然隔离条件好、农产品病虫害少等优势，强力推进冷凉蔬菜产业规模化、标准化、产业化、市场化进程，呈现出良好的发展势头。2012年年底全市实现地区生产总值158.74亿元，其中，第一产业实现增加值37.65亿元；粮食总产量80.33万t，其中，夏粮产量21.01万t、秋粮产量59.32万t；实现农林牧渔业总产值78.35亿元，其中，农业产值49.12亿元、牧业产值20.97亿元、渔业产值0.02亿元，农林牧渔服务业产值4.14亿元；全市城镇居民人均实现可支配收入16 854.1元，农民人均纯收入达到4 690.5元。

在新的格局变革过程中，固原蔬菜经过多轮的市场选择和技术积淀已逐步形成自身优势和特色，固原已发展为中国四大马铃薯种植基地之一，也是冷凉蔬菜之乡，西吉是中国马铃薯之乡。

(三) 固原蔬菜产业发展的制约因素

1. 可用水资源、耕地、劳力制约产业规模

水资源分布不均，季节性、工程性缺水严重；河谷川道区耕地分散、治理成本高；当地农业产业发展规模小、效益不高、吸引力不强，大量劳动力外出创收，发展劳动密集型的冷凉蔬菜产业劳动力缺口客观存在。

2. 设施标准化程度低制约抵御自然风险能力

当地风灾、冻害、冰雹、持续低温等自然灾害频繁，2008年开始建设并投入使用的日光温室、大中拱棚建设标准低，大部分已达到维修、更新期，抵御自然灾害的能力差。

3. 生产基地分散，体系不健全，产业链短制约品牌效应发挥

目前建成的万亩规模基地主要是西吉县的芹菜、彭阳县的辣椒，其余大多数属于小规模、较分散、品种混杂的局域种植；农户对市场的认知度不够，市场信息不灵，生产中存在盲目性，造成收益不稳定，抗风险能力不强；设施农业专业化组织作用相对较弱，大多数专业协会管理分散，主体地位不明确，市场化运作能力较弱；经营方式主要以个体农户为主，小农经济的生产和经营与大市场、大流通的矛盾相对突出；产业链短，缺乏上规模、上档次的果蔬加工及流通龙头企业；生产经营者品牌意识差，县（区）、乡镇间统筹品牌、综合发展品牌的观念不强，形成的品牌杂而不精，品牌效应未能充分显现。

4. 自身发展能力不足，对政府依赖性过重

当地群众收入低，积累少，投入不足，大量的基础设施主要靠政府投资建设；企业和农民合作经济组织带动作用不强。

5. 科技服务体系薄弱，支撑能力不强

产业体系的系统升级与提升离不开学术研究的后方支持。目前宁南山区的部分主产区针对该方面的支撑作用还微乎其微，达不到产业提供平台、研究部门提供技术，使得技术依托落不到实处，全市从事设施农业的技术人员缺乏，设施农业新技术推广体系不完善；地方财力困难，科技投入不足，研发推广水平不高。

三、产业规划依据与发展目标

（一）指导思想

贯彻落实国务院《关于统筹推进新一轮菜篮子工程建设的意见》（国办发〔2010〕18号）文件和2010年8月18日国务院常务会议精神，坚持粮菜统筹发展的观点，全面谋划固原蔬菜产业，启动全市新一轮“菜篮子”工程建设，转变蔬菜生产发展方式，促进全市蔬菜产业提档升级。总体采取“稳设施，扩露地；调结构，提质量；树品牌，增效益”的指导思想，科学规划固原冷凉蔬菜产业，充分利用本地夏季冷凉气候资源因地制宜发展支柱产业，促进农民脱贫致富。

（二）规划编制依据

编制本规划的主要依据：2010年中央一号文件，2010年国务院办公厅《关于统筹推进新一轮“菜篮子”工程建设的意见》（国办发〔2010〕18号），农业部《关于贯彻落实〈国务院办公厅关于统筹推进新一轮菜篮子工程建设的意见〉的通知》（农市发〔2010〕4号），农业部《全国蔬菜重点区域发展规划（2009—2015）》。国务院《关于进一步促进宁夏经济社会发展的若干意见》（国发〔2008〕29号）；中共中央、国务院《关于深入实施西部大开发战略的若干意见》；《六盘山片区区域发展与扶贫攻坚规划》（国开办发〔2012〕63号）。宁夏回族自治区国民经济和社会发展第十二个五年规划；《宁夏农业和农村经济发展“十二五”规划》（宁政发〔2012〕57号）；自治区人民政府《关于印发加快推进农业特色优势产业发展若干政策意见的通知》（宁政发〔2013〕11号）；《关于扶持农业特色优势产业发展的意见》（宁农产发〔2012〕02号）；《关于推进农业经营体制创新增强农村发展活力的若干意见》（宁党发〔2013〕10号）；自治区水利厅《高效节水灌溉项目总体实施方案（2013—2017）》。中共固原市委、市政府《关于加快发展设施及旱作节水农业的实施意见》（固党发〔2008〕5号）；《固原市设施及旱作节水农业发展规划（2007—2011年）》（固党发〔2008〕40号）；《固原市国民经济和社会发展第十二个五年规划纲要》；《固原市农业和农村经济发展“十二五”规划》；《关于加快农业特色优势产业发展的实施意见》（固党办〔2013〕25号）；《固原市现代农业发展规划》（2011—2015）；市人民政府办公室《关于印发固原市贯彻落实〈宁夏内陆开放型经济试验区规划〉主要任务分工方案的通知》（固政办发〔2012〕147号）；固原市市辖区、彭阳县、西吉县、泾源县、隆德县土地利用总体规划（2006—2020年）。

（三）产业发展目标

优化全市蔬菜生产区域布局，改善蔬菜基地基础设施条件，充分发挥本地区夏季高原冷凉气候资源和有限的水土资源，重点推进固原有区域特色和产业优势的外向型高原冷凉蔬菜产业可持续健康发展，通过资源、科技和品牌各要素的有效配置，使冷凉蔬菜产业发展为固原农民脱贫致富的重要支柱产业之一。

到2020年实现“八九六五一”计划：全市蔬菜生产面积达到80万亩（其中，露地蔬菜50万亩，设施蔬菜30万亩），90%蔬菜产品整体达到绿色食品标准，60%固原蔬菜实现“六盘山”品牌销售，全市蔬菜实现年总产值50亿元，冷凉蔬菜提供农民人均纯收入达到1 000元以上。

具体来讲就是，结合固原自然资源优势和蔬菜产业实际，总体采取“稳设施，扩露地；调结构，提质量；树品牌，增效益”的发展策略，到2020年，全市在160万亩可浇耕地（其中，河谷川道可灌区100万亩，附近节水灌溉区60万亩）发展冷凉蔬菜80万亩（新增27.4万亩），其中，日光温室8万亩（新增1.39万亩），有效使用面积50%，按20 000元/亩，则可实现产值8亿元；塑料大棚22万亩（新增7.8万亩），有效使用面积85%，按7 000元/亩，则可实现产值13.8亿元；露地蔬菜50万亩（新增18.21万亩），有效使用面积100%，按4 500元/亩，则可实现产值22.5亿元；此外通过打造“六盘山”农产品品牌和加强冷链物流与加工增值5.7亿元，实现蔬菜总产值50亿元，占农业预计总产值80亿元的60%以上。

加强冷凉蔬菜产业的基础建设，规范主产区日光温室和塑料大棚设施建设，改善产地灌溉系统，建立高原冷凉蔬菜标准化核心示范基地20~30个，培植冷凉蔬菜龙头企业5~8家和专业合作经济组织80~100个、建设产地批发市场4~5个，提高蔬菜产业化水平和组织化程度，建立健全蔬菜检验检测与监管体系，建立健全蔬菜市场销售体系和技术支撑体系，培植“六盘山”农产品知名品牌。

四、固原蔬菜生产区域布局

(一) 区划原则

1. 节水高效、生态绿色原则

即依据市场定产品，依据水源划区域，依据水量调规模，依据生态选方式。不与人畜争水源，不和生态相违背，让有限的水资源发挥最佳的经济效益，巧妙利用夏季冷凉资源和高原生态发展绿色食品蔬菜。

2. 外销菜集中连片，内销菜就近发展的原则

外销为主的喜冷凉蔬菜、露地越夏菜采用精选特优品种连片规模发展模式，便于提高产地冷链物流等配套设施的效能，便于专业化服务、机械化轻简化技术的采用，也便于品牌的树立、标准化的实施；本地保供城郊设施蔬菜采用多品种、多茬口分散生产，周年均衡就近供应的发展方式，便于减少中间环节，降低物流成本，灵活规避市场风险。

3. 突出优势和特色原则

因地制宜，结合各地自然条件、种植习惯和劳动力资源情况，四个县（区）实现一县一品，错位发展。

(二)“四大特色片区”基地区划方案

固原高原冷凉蔬菜的区域布局实施“四大特色片区”基地区划方案：四个县（区）的四大流域分别主体错位发展四类蔬菜，形成四大蔬菜片区，实现一县一品。以西吉县葫芦河流域为中心发展高原芹菜，以彭阳县红河、茹河流域为中心发展越夏辣椒，以隆德县渝河流域为中心发展露地喜凉菜，以原州区清水河流域为中心发展城郊设施蔬菜。具体规划如下。

1. 西吉高原芹菜片区

(1) 主要区域、发展目标。以西吉县葫芦河流域的新营、吉强、硝河、马莲、将台、兴隆等乡镇为核心，辐射原州区清水河流域的官厅、彭堡、头营等乡镇，形成高原芹菜产业片区。2020 年全市芹菜种植面积达到20万亩，芹菜产量120万t，预计产值14亿元。

（2）主要种植模式。

适宜品种：加州王、文图拉、法国皇后、圣地亚哥。

茬口模式：以露地生产为主，设施生产为辅，一年一大茬或蒜苗—芹菜。露地生产有直播、育苗移栽、覆膜穴播压沙3种方式。

①露地覆膜压沙穴播栽培模式：3月下旬至4月底播种，7月底至9月中旬采收上市。

②露地直播栽培模式：3月中旬至下旬播种，8月底至9月初采收上市。

③露地育苗移栽栽培模式：2月上中旬设施育苗，5月中下旬移栽，8月底9月初采收上市。

④日光温室栽培模式：冬茬9月中旬育苗，10月中下旬移栽，12月底元旦节日采收上市。

（3）制约因素与工作重点。

制约因素：一是高度重茬带来的连作障碍逐步加重；二是冷链体系不健全，品牌效益未发挥；三是灌溉设施滞后，水资源利用率不高；四是种植品种单一，无法满足市场需求；五是精深加工滞后，产业链短。

工作重点：引进推广新优品种，规范芹菜覆膜穴播压沙标准化种植技术，改进节水灌溉技术，示范推广蒜—芹轮作倒茬种植模式，推广病虫害绿色防控技术克服连作障碍；加强冷链系统建设，稳步扩大基地规模，以优质创品牌，完善服务体系，拓展销售渠道，扩大产品销售半径，提升产业发展水平和档次。

2. 彭阳越夏辣椒片区

（1）重点区域、发展目标。以彭阳县红河、茹河流域的古城、新集、白阳镇、红河、城阳等乡镇为核心，辐射原州区清水河流域的中河、彭堡、头营、三营和隆德县渝河流域的联财、神林、沙塘、城关，甘渭河流域的温堡等乡镇，2020年全市发展越夏辣椒面积20万亩，品种主要以亨椒系列为主，搭配红椒、朝天椒、美人椒等名优品种。年产辣椒60万t，预计产值10亿元。

（2）主要种植模式。

适宜品种：拱棚和露地生产选择亨椒1号、亨椒新冠龙；日光温室栽培可选择川崎秀美、洋大帅、陇椒、长剑、冠农、亨椒1号等优良品种。

茬口模式：

①塑料拱棚生产茬口模式：一是拱棚单种辣椒生产模式，1月中下旬日光温室穴盘育苗，4月上旬定植。6月中下旬始收，10月上旬采收完毕。二是早春茬甘蓝接春夏茬辣椒接延秋越冬叶类菜栽培模式，通过早春茬在垄沟套种甘蓝—春夏茬垄上定植辣椒—延秋茬播种耐寒性叶菜等作物，实现塑料大棚周年三种三收的同时进行轮作倒茬，适用于新建大棚和辣椒种植年限短、连作障碍表现不明显的塑料大棚栽培。该模式3月上旬整地起垄，垄沟定种甘蓝，4月上旬垄上定植辣椒，5月上中旬甘蓝收获后，进入辣椒正常管理期；9月下旬种植耐寒性叶类菜，如菠菜、油白菜，11月上旬至翌年2月中旬采收。三是辣椒接绿肥作物栽培模式。对有辣椒连作史，但连作障碍表现不明显的塑料大棚，推广该栽培模式，实现塑料大棚3种2收并进行合理轮作倒茬。该模式4月上旬定植辣椒，10月上旬播种燕麦（禾本科）、豆类（豆科），11月中旬翻耕作绿肥。

②日光温室栽培模式：一是秋延后黄瓜接早春茬辣椒生产模式，黄瓜于8月初育苗，9月中下旬定植，10月下旬始收上市，12月底或元月初拉秧，采收期70~80天，辣椒于11月上旬育苗，2月初定植，4月下旬至5月初始收，8月底拉秧。二是秋冬一大茬生产模式，8月上中旬定植，10月上旬开始采收，历经秋、冬、春、夏4个季节，最晚可至5月底拉秧。三是冬春一大茬生产模式，12月上旬定植，元月下旬上市，采收期历经冬、春、夏3个季节，长达140~160天，最晚可至6月底拉秧。

③露地生产模式：2 月中旬育苗，5 月上旬定植，7 月上旬始收，9 月中旬拉秧。

（3）制约因素与工作重点。

制约因素：一是投入激励机制不够，规模化生产受到制约；二是龙头企业带动力弱，产品单一、产业链短、生产效益起伏较大；三是技术服务体系相对薄弱，新技术、新品种、新材料、新工艺应用与推广速度较慢。

工作重点：确保种植规模稳中有升，加大技术支撑力度，加强主产基地水、电、路等基础设施配套，增加集约化育苗场，加快经营主体创新、销售市场培育、预冷贮藏库建设，降低成本，提高生产效益。

3. 露地喜凉菜片区

（1）重点区域、发展目标。以隆德县渝河流域的城关、沙塘、神林、联财、观庄、凤岭、温堡、好水为主，原州区清水河流域的开城、官厅、中河、彭堡、头营、三营及西吉县的什字、平峰、王民、火石寨等补灌区发展露地喜凉菜。产品主要以白菜、萝卜、胡萝卜、甘蓝、葱头、南瓜、芥蓝、菜花、供港菜心、娃娃菜、菊芋、早熟菜薯为主。2020 年全市露地喜凉菜种植面积达到 22 万亩，年产喜凉菜 88 万 t，预计产值 7.7 亿元。

（2）主要种植模式。

适宜品种：萝卜生产选择顶上盛夏；白菜生产选择春夏王、春大将、中青麻叶、四季王；娃娃菜生产选择春玉黄、韩童、金贝贝；甘蓝生产选择中甘 21 号、钢头 50、小黑京早；胡萝卜生产选择新黑田五寸参、七寸参；洋葱生产选择美洲豹、巴顿；菜花生产选择雪瑞 88 号、雪丽佳、雪圣。

茬口模式：

①早春萝卜接越夏大白菜、娃娃菜、菜花生产模式：4 月下旬起垄直播萝卜，6 月下旬采收；6 月上旬大白菜、娃娃菜、菜花穴盘育苗，7 月上旬起垄定植，10 月上旬采收。

②早春甘蓝接越夏大白菜、娃娃菜、菜花生产模式：4 月上旬甘蓝穴盘育苗，5 月上旬起垄覆膜定植，7 月上旬采收；6 月中旬大白菜、娃娃菜、菜花穴盘育苗，7 月中旬起垄定植，10 月中旬采收。

③早春直播胡萝卜越夏生产模式：4 月底起垄直播，8 月中旬至 9 月中旬采收结束。

④早春育苗移栽洋葱越夏生产模式：3 月上旬洋葱穴盘育苗，5 月上旬平地覆膜定植，9 月上旬采收。

（3）制约因素与工作重点。

制约因素：一是基础设施配套不完善，季节性缺水；二是产业组织化程度不高，龙头企业数量少，规模小，市场开拓能力不强，辐射带动能力弱；三是农业专业化、社会化服务滞后，农业科技推广和创新能力不强；四是产品加工能力低，产业链较短，贮藏加工技术落后，商品化处理水平低。

工作重点：加大水源开发利用，提高塘坝蓄水量，完善灌溉配套设施；建立健全产品销售渠道，引进扶持一批生产经营水平高、示范带动作用强的蔬菜产销企业；加大蔬菜基地无公害产地认证和产品认定，加强贮藏、保鲜、运输等环节基础设施建设，延长销售时间。

4. 城郊设施蔬菜片区

（1）重点区域、发展目标。以原州区供应市区城郊型设施蔬菜基地为重点，辐射各县（区），按照“巩固面积、优化布局，提高质量、完善功能”的总体思路，稳定城郊型设施温棚面积和蔬菜供给能力，以多品种错季节就近均衡上市为目标，产品主要以黄瓜、番茄、辣椒、茄子、西甜瓜等蔬果类，生菜、茼蒿、菠菜、韭菜、芹菜、小白菜等叶菜为主，少量发展林果、食用菌等其他花色蔬菜。到 2020 年城郊型设施蔬菜面积达到 18 万亩，年产蔬菜 63 万 t，预计产值 12.6 亿元。

（2）主要种植模式。

适宜品种：露地蔬菜生产选择芹菜、萝卜、大白菜、甘蓝等叶菜，主要品种有：春夏王、春大将、北京小杂、中青麻叶、四季王、新黑田五寸参、七寸参等优良品种。拱棚蔬菜生产以辣椒、番茄、西甜瓜及部分叶类菜为主，主要品种有：长剑、亨椒1号、陇椒5号、羊角椒，倍盈、阿德利斯、阿尔法，华铃、小玲、宝冠、京欣2号，红城脆、早香蜜、蜜雪华、蜜世界、天蜜脆梨等优良品种。日光温室蔬菜生产选择以茄果类、瓜类为主，主要品种有：津优35号、德尔99、冬冠3号、博耐13号，布利塔、农友长茄、快圆茄、二苠茄等优良品种。

茬口模式：

①拱棚生产茬口模式：一是春提前种植西甜瓜或叶类菜，延秋生产接叶类菜生产模式。二是春提前越夏延秋生产主要种植果类菜，以辣椒、番茄为主栽培模式。

②日光温室栽培模式：一是冬春一大茬生产模式，种植作物以茄果类蔬菜、瓜类为主，嫁接黄瓜10月上旬定植，11月上旬上市，采收期历经冬、春、夏3个季节，长达280~300天，番茄、辣椒8月上旬定植，11月上旬上市，采收期历经冬、春、夏3个季节，长达180~210天，最晚可至7月底拉秧。二是早春茬接秋延后生产模式，种植作物以茄果类蔬菜、瓜类为主，1月初育苗，3月定植，4—5月上市，7月底或8月初拉秧，采收期150~180天；辣椒于11月上旬育苗，翌年2月初定植，4月至5月初始收，8月底拉秧。三是多茬次叶菜类生产模式。

③露地生产模式：一是芹菜2月初育苗，5月定植，7月上市，7月底或8月收获结束，接第二茬娃娃菜、菜花、甘蓝，9月底收获。二是果菜一大茬生产模式，越夏番茄即3月下旬育苗5月上旬定植，9月底拉秧。三是叶菜多茬生产模式。四是间作及套种多茬生产。

（3）制约因素与工作重点。

制约因素：一是建设标准不高，配套不完善，后期维修改造成本高，巩固难度大。二是水资源紧缺，节水措施滞后，季节性缺水严重。三是整体竞争力还不强，产业层次还不高，科技服务体系滞后，新技术、新设备推广不到位，应用层次低。四是市场体系、冷链体系建设滞后，农产品被动销售的局面还没有得到根本改变。

工作重点：稳定设施建设规模，规范设施建设标准，推进设施农业园区旧棚改造，完善基础配套，引进新技术、新工艺、新品种，提升设施农业质量和效益。加大冷链设施建设，加大基地产品安全监管水平和经营模式创新，科学布局，合理安排茬口，实现周年供应。

五、蔬菜基地基础建设规划方案

（一）大棚设施选型与建设

1. 日光温室建造技术

在固原发展的日光温室提倡普遍适合宁夏南部山区生产的NXW-2、NXW-3 、NXW-4、NXW-6 型宁夏第二代高效节能日光温室。

2. 塑料拱棚选型建设规范

塑料拱棚宜选用水泥拱架竹板结构大棚结构（PYSLDP2008-3）。

（二）节水灌溉系统建设

到 2020 年全市蔬菜基地发展大田控灌 30 万亩，发展高效节水面积 50 万亩（其中，低压管道节水灌溉面积 20 万亩，设施农业滴灌节水灌溉面积 20 万亩，微灌节水灌溉面积 10 万亩），高效节水面积由 39 万亩提高到 50 万亩，提高 28.2%，高效节水灌溉面积占全市有效灌溉面积的 50%，管道灌溉水利用系数大于 0.85，微灌灌溉水利用系数大于 0.9，井灌区灌溉水利用系数达到 0.8。作为高效节水技术，以测墒灌溉技术为核心，配套耐旱品种应用、化学抗旱、深耕深松、节水灌溉制度优化等技术措施。集成优化滴灌施肥、重力滴灌施肥、覆膜沟灌施肥、微喷施肥四大技术模式，完善相应的灌溉施肥制度，引进新型的节水灌溉设施、施肥装置和专用水溶肥。目前，水肥一体化技术在原州区通过国家大宗蔬菜产业体系银川蔬菜试验站开始辐射示范。与常规沟灌施肥相比，平均每茬亩节水 150m^3 以上，节肥 25kg 以上，增产提质效果显著。

1. 节水方法

制定主要农作物的节水灌溉制度通过试验、示范，研究摸索出各地主要作物的灌水量、灌水时期、灌水次数，引进和筛选节水高产品种。推广农业综合技术，推广、引进、筛选优质、高产的抗旱节水品种是夺取高产的前提。其次采取保护性耕作、地膜覆盖、秸秆覆盖、平衡施肥、病虫害防治等配套措施。加强用水管理，推广综合服务模式管理措施是实施各种措施的保证，要贯串于整个技术体系的各个环节。加强灌溉设备的管理，增加设备使用年限，是降低投资成本的有效途径。采取综合服务的方式，按亩灌水次数收取一定的服务费，是目前应用广泛又经济实惠的一种服务方式。

2. 节水措施

充分利用天然降水，做好土壤墒情测报工作，根据土壤墒情含水量和作物在不同生长期需水量不同，确定作物是否受旱，及时收听收看天气预报，在不影响作物生长的前提下，利用雨水达到灌溉目的。

（1）短窄畦灌溉。畦长 30~50m，这样灌溉水的流程减少了沿畦产生的深层渗漏损失，可节约用水量。

（2）耕作保墒。采用深耕松土、中耕除草、改善土壤结构等方法，可促进作物根系生长，增加雨水下渗速度，减少水分蒸发。

（3）覆盖保墒。播种后，在地面覆盖塑料薄膜、秸秆或其他材料，可以抑制土壤水分蒸发，减少地表径流，起到蓄水保墒、提高水利用率的作用。通常情况下，覆盖秸秆可节水 15%~20%，覆盖塑料薄膜可节水 20%~30%。

（4）调整作物种植结构。利用不同作物的需水特性，合理调整作物种植结构，合理搭配作物品种，充分发挥品种的增产潜力，通过选择耗水少而水利用率高的优良品种来达到节水的目的，可使作物产量提高15%~25%。

（5）化学调控节水。为在作物生长发育期抑制水分过度蒸发，可使用无毒的保水剂、复合包衣剂及多功能抑蒸抗旱剂等，同时多施磷肥，有利于促进根系下扎吸水，以提高作物抗旱能力。

（三）冷链体系建设

蔬菜属于典型的生鲜农产品，蔬菜冷链物流是指蔬菜产品经采后处理—加工—储藏—运输—销售，直至消费前的各个环节始终处于规定的低温环境，以保证食品质量，减少食品损耗的一项系统工程。冷链物流属于专业化程度很高的技术密集型和资金密集型的高端物流产业，基础设施、技术含量和操作要求都较高。固原的冷链系统要与现代物流相结合，通过不断发展和完善，改变现阶段传统粗放的流通态势，调整传统的不合理作业模式，积极引进、引用国内外先进的冷藏冷冻技术和物流信息技术，构建从采购、生产加工、储藏、运输和销售、配送一体化的蔬菜冷链物流，为蔬菜食品的新鲜度、安全度提供技术保证，从而提升固原高原夏菜食品行业生鲜产品的竞争力。

随着固原冷凉蔬菜产业规模的逐步扩大，建立健全冷链体系显得尤为重要，四个主产片区要分别建设一个高原夏菜农副产品集散中心，若干个产地冷藏保鲜冷库、加工配送点，配备质量安全检测网点和市场信息网点，确保蔬菜流通体系建全；每个主产片区建设两个冷藏保鲜库，储藏能力在1 000~2 000t；条件成熟时再建立一个中大型净菜加工配送中心。净菜加工配送中心的主要内容包括两个方面，一是净菜加工，二是冷链配送。净菜加工，是指新鲜蔬菜经过分级、整理、挑选、清洗、切分、保鲜和包装等一系列处理后保持生鲜状态的制品，其具有新鲜、方便、营养、无公害等特点。其工艺流程一般为分级挑选→清洗→整理→切分→保鲜→脱水→灭菌→包装→冷藏。净菜品质的保持最重要的是低温保存，选用最常用冷藏温度（4~8℃）。冷链配送，是指经加工的净菜以保持适当的温度将蔬菜配送至客户手中，以达到保持蔬菜新鲜度的，使客户获得满意的、安全的、健康的、放心的高品质蔬菜，减少食品损耗的一种方式。

蔬菜冷库的用地要符合土地利用总体规划和国家建设项目用地定额标准，蔬菜冷库设计参考蔬菜冷库建设参数依据。

（四）集约化育苗场建设

紧紧围绕固原设施蔬菜，立足当地资源优势，为设施蔬菜种植提供优质健壮种苗为突破口，改变传统育苗方式，采用集约化穴盘基质育苗方式，从而实现统一品种、统一育苗、统一种植、统一管理的标准化生产模式，提升设施蔬菜生产的档次。

通过集约化集中育苗可以有效缓解本地农民育苗难、育苗贵、蔬菜秧苗质量不佳等问题。集约化育苗可在一定程度上减少因育苗产生病虫害对蔬菜生产造成的损失，有效提高蔬菜产量和品质，缩短蔬菜生产周期，提高农户种植效益。集约化育苗生产还可以有效减少农药的使用，避免农药对周边环境产生不利影响，穴盘及基质的重复使用以及废弃物的统一回收处理与传统的农户自育秧苗相比，可以在一定程度上减少污染，促进农业可持续发展。

鼓励蔬菜育苗专业合作社开展蔬菜集约化育苗场建设。主要建设内容为建设育苗温室，配套育苗床、风机、湿帘、湿帘水池、湿帘水泵、喷灌等实施设备，配套穴盘、基质等育苗材料，完善电力设施等。其中，政府计划补助资金主要用于穴盘、基质、育苗电力设施、灌溉设备、降温系统等育苗设施购置补助；自筹资金主要用于育苗温室建设、苗床购置安装和其他部分配套设施购置安装等。

进一步完善现有育苗中心功能，并在原州区彭堡镇闫堡现代设施农业园区，西吉县将台乡华林设施番茄种植基地，隆德县沙塘镇良种场种苗繁育中心，彭阳县古城、红河、新集辣椒标准化示范园区新建设年育苗能力 5 000 万~8 000 万株的工厂化育苗中心各一个，着力提升种苗繁育能力。

（五）“六盘山”农产品品牌建设

实施《固原市打造“六盘山”农产品品牌实施方案》，培育蔬菜产品知名品牌，力争到2020年，建立“六盘山”农产品品牌培育、发展和保护体系，形成“培育名牌、发展名牌、宣传名牌、保护名牌”的良性机制，把“六盘山”培育为西部高原冷凉蔬菜第一品牌，并发展成为中国名牌农产品品牌。

1. 建设生产基地

严格按照国家地理标志产品保护的要求，采取标准化生产方式，积极推行统一品种、统一农资、统一技术规范的“三统一”生产模式，加快推进示范区建设，重点做好品种提纯复壮及更新、种植技术管理及创新、产地相关指标监测及评价等工作，确保农产品质量安全。到2020年全市重点农产品生产基地标准化生产比重达到90%以上。

2. 加强培训和宣传推介

充分利用电视、网络、报刊、路标式宣传牌等宣传媒体开展“六盘山”农产品品牌宣传；策划在中央、省、市电视台作专题宣传，营造打造战略品牌的环境氛围，达到以品牌促增收、以品牌促发展的目的；积极组织参与各种招商引资、经贸洽谈、大型展销会和文化交流活动，着力宣传推介“六盘山”农产品。每年对农产品生产企业、流通企业、农村经纪人进行农产品品牌专题培训和外出交流观摩，提高对品牌农产品重要性的认识，推动全市品牌产品的发展。

3. 加大蔬菜产品“两品一标”的认证和认定

所有冷凉蔬菜基地的农产品均通过“两品一标”（即绿色食品、有机农产品和农产品地理标志）的认证，使“六盘山”冷凉蔬菜农产品品牌享誉全国。

4. 加强市场营销体系建设

建立固原市六盘山农产品信息服务平台（网站），开展六盘山蔬菜产销信息、供求信息、价格信息、产品质量信息发布服务。在全国重点城市建立固原市六盘山系列品牌农产品外销窗口 30 个以上。

（六）科技支撑体系建设

充分利用区内外大专院校、科研单位的人才优势，推进产学研联合，每个示范基地要聘任 1 名首席专家、组建 3~8 人的技术团队，形成全过程、全天候的技术服务网络。结合蔬菜生产基地产业类型和主推技术，加强农民专业技能培训，培养一批农民技术员队伍和新型农民。把科技特派员创业行动与创建示范基地结合，对长期深入蔬菜产业园区一线的技术干部享受科特派待遇。冷凉蔬菜产业示范园区科技研发推广项目，优先纳入自治区科技研发与成果推广计划，给予项目支持。运用“产学研”市场机制，探索多种合作模式，通过签订“合作协议”等方式，实现风险共担、利益共享，最终建立起长期的合作关系，形成紧密的利益共同体。围绕产业发展需求，各县（区）成立蔬菜产业发展服务中心，不断壮大蔬菜产业技术人才队伍，提高技术服务水平，增强管理服务功能。

（七）质量检测与监管体系建设

随着蔬菜产业的扩大，建立健全质量检测与监管体系，提高标准化安全生产水平，减少产业因质量安全带来的市场风险。

1. 健全检测监管体系

按照农业农村部要求，加强政府检测能力建设，重点建设县（区）蔬菜产品检测站，支持蔬菜生产基地、龙头企业、蔬菜合作组织、农产品批发市场建设农产品检测室，形成标准统一、职能明确、运行高效、上下贯通、检测参数齐全的农产品质量安全检测监管体系。

2. 建立全程质量追溯体系

支持建立市级蔬菜产品全程质量追溯信息处理平台，并在蔬菜产品生产企业或农民专业合作组织中建立完善的农产品全程质量追溯信息采集系统，逐步形成产地有准出制度、销地有准入制度、产品有标识和身份证明，信息可得、成本可算、风险可控的全程质量追溯体系。

3. 建立质量安全风险预警信息平台

统筹市内、市外两个市场，建立蔬菜产品质量安全风险预警体系，加强部门协作，实现质量安全信息共享，共同应对重大突发安全事件，不断提高蔬菜产品质量安全水平。

（八）培植蔬菜产业经营主体，加强产业链建设

目前，固原市蔬菜加工、运销龙头企业少，混合采收、毛菜上市状况普遍，蔬菜序品的分选、清洗、包装、预冷、冷链运输等环节比较落后，体现在加工、营销、流通等环节上的产后效益还远远没有发挥出来，蔬菜产业依然存在着运销队伍弱、知名品牌少、龙头企业和农民利益联结不紧密、菜农组织化程度较低、抵御市场风险能力差等突出问题，要大力推广“基地催生企业、企业带动基地”“一个企业带十片，一个市场带一县”等成功经验和做法，充分发挥龙头企业拓展市场的优势，大力发展连锁经营、超市配送、洁净包装、分级筛选、冷藏保鲜为主的蔬菜商品化销售龙头企业，并提升蔬菜专业合作组织、行业协会和运销经纪人队伍服务水平，促使企业与农民建立紧密的利益联结机制，使广大农民真正获取产后利润，提高蔬菜全产业链生产经营效益。努力提高蔬菜产业化经营水平，提高组织化程度是保障固原冷凉蔬菜产业活力的基石。

（1）每个主产区块培植龙头企业 1~2 家。转变蔬菜产业发展方式，坚持用抓工业的方法抓农业，由抓“田头”向抓“龙头”转变，做强龙头企业。

（2）围绕龙头企业培育专业合作经济组织若干。坚持“先抓组织，后抓生产”的思路，把蔬菜专业合作组织当作新产业来经营，当作新资源来开发。每个县（区）重点培育 5~10 家有自主品牌、有规模、有实力的冷凉蔬菜专业合作经济组织，推进标准化生产、规范化管理、市场化运作，提高菜农组织化程度。

(3) 外向型的西吉芹菜、彭阳辣椒、露地喜冷菜产业采用“公司+合作社+农户”的模式，公司（龙头企业）负责打造品牌，开拓市场，制定标准，提供订单保障；合作社负责组织农户按标准进行订单生产和收购；鼓励发展一批中介组织，在信息和流通领域发挥积极作用。

(九) 建立健全蔬菜市场销售体系

1. 建设和改造一批产地批发市场

重点建设一批产地批发市场，兼顾城市中心批发市场的建设与完善。产地批发市场建设主要建在优势产业带、重点基地县(区) 和出口加工基地。

2. 改造一批城市销地批发和零售市场

支持主产区改造销地批发市场，加强市场信息交流、质量安全检测、电子统一结算、冷藏保鲜、加工配送等设施的建设，全面推进销地批发市场在基础设施、管理、技术等方面提档升级。

3. 强化产销衔接功能

县级以上城市要根据本地消费需求，建设自己的蔬菜产品保障基地。蔬菜优势产区要充分利用当地资源，建设服务全国或特定区域的蔬菜规模化基地，与有关大中城市建立长期稳定、互利合作的产销关系。

4. 建立和完善信息网络平台

支持建立覆盖全市及周边主要批发市场的蔬菜产品产销信息公共服务平台，规范信息采集标准，健全信息交流发布机制，加强采集点、信息通道、网络中心相关基础设施建设，定期收集发布全市蔬菜产品生产、供求、质量、价格等信息。

六、重点建设项目

(一) 主要建设内容

为达到上述规划目标，2014—2020 年重点围绕主导产业开展如下 11 方面的建设。

（1）固原蔬菜主产区水源保障与灌溉设施建设（包括水库、水渠、蓄水池、灌溉系统建设）。

（2）西吉高原芹菜标准化生产核心示范基地建设（包括新品种新技术示范、产地冷库、批发市场建设）。

（3）彭阳红河、茹河流域越夏辣椒标准化核心示范基地建设（包括新品种新技术示范、塑料拱棚、集约化育苗场、产地批发市场建设）。

（4）露地喜凉蔬菜标准化核心示范基地建设（包括新品种新技术示范、绿色防控体系、产地批发市场建设）。

（5）城郊设施蔬菜标准化核心示范基地建设（包括新品种新技术示范、日光温室、净菜配送中心建设）。

（6）固原高原夏菜全程质量安全追溯体系建设（包括质量追溯信息处理平台、全程质量追溯信息采集系统、产地有准出及销地有准入制度、产品有标识和身份证明等环节）。

（7）“六盘山”高原冷凉蔬菜品牌的建立、商业运作模式设计与实施。

（8）固原冷凉蔬菜产业科技支撑体系建设（包括蔬菜科技研发、技术推广体系）。

（9）系列高原夏菜采后处理、加工增值项目。

（10）固原蔬菜产销信息平台、价格与质量预警机制、风险基金的建立。

（11）相关技术研究课题。

①高原夏秋芹菜标准化栽培技术规范（品种选优、连作障碍克服技术、病虫绿色防控技术、商品化整理技术、前后配茬技术）。

②辣椒、番茄高原夏秋栽培标准化技术规范（品种首选、集约化育苗技术、病虫绿色防控技术）。

③高原夏季喜冷凉露地蔬菜标准化栽培技术规程（菜心、芥蓝、花菜、萝卜、胡萝卜、娃娃菜、甘蓝、洋葱等的品种筛选、病虫绿色防控、节水栽培技术）。

④高原夏菜的节水灌溉、商品化整理、冷链物流、大棚设施技术研究。

（二）重点建设项目

抢抓机遇，按照“巩固基础、提升能力、保障发展”的基本要求，多渠道多途径扩大投资规模，努力形成多元化投入新格局，助推固原市高原冷凉蔬菜产业深化发展。重点项目21项，总投资48.5亿元，其中，争取中央投资39.51亿元、地方配套资金8.99亿元。具体分解为21个建设项目。

七、保障措施和配套政策

（一）加强组织领导

认真贯彻落实国务院国发〔2010〕26号文件精神和自治区《加快推进农业特色优势产业发展若干政策意见》（宁政发〔2013〕11号）及市委、市政府《关于加快农业特色优势产业发展的实施意见》（固党办〔2013〕25号），充分认识蔬菜产业在国计民生中的重要地位和作用，进一步强化“菜篮子”市、县（区）长负责制下的目标责任制，将规划的主要任务指标纳入各级政府考核指标。各级政府明确分管领导，设立专门的蔬菜办事机构，加强对冷凉蔬菜产业发展的领导，研究制定本区域发展规划，协调解决冷凉蔬菜产业发展重大问题，加大支持力度，强化部门协作，增强监管责任，加大责任考核，切实将各项政策措施落实到位。

（二）加大扶持力度

将冷凉蔬菜产业发展放在引领区域特色优势产业发展的战略高度给予大力扶持。一是加大标准化冷凉蔬菜基地保护力度，实行积极的补偿机制，提高补偿标准。二是设立冷凉蔬菜奖励基金，对冷凉蔬菜基地建设、龙头企业、精品名牌实行奖励。三是设立冷凉蔬菜产业发展专项资金，对全市冷凉蔬菜优势特色产区、优势资源予以扶持。四是加大冷凉蔬菜基地建设力度，各级政府要整合农业综合开发、国土整理等项目用于冷凉蔬菜基地建设。冷凉蔬菜基地的沟、渠、田、林、路、电及市场设施等，要优先纳入县（区）重点支持范围。整合种子工程、植保工程项目建设冷凉蔬菜育苗工厂和蔬菜绿色植保。五是推广冷凉蔬菜政策性保险，逐步将设施生产、集约化育苗和规模种植等纳入政策性保险范围，提高农民参加保险的意识和积极性。六是开通绿色通道，确保冷凉蔬菜绿色通道畅通。

（三）开源节流合理调配水资源，科学保障蔬菜产业的灌溉水供应

固原市蔬菜产业主要分布在河谷川道区的库井灌区。这里是固原市经济社会发展的精华地带，也是城乡居民生活用水的主要水源地，水资源总量十分有限，且十分宝贵，随着蔬菜种植面积的不断拓展，地下水、地表水采用量越来越大，水资源将日趋紧缺。要根据各县（区）的水资源情况，针对各种高效节水灌溉方式统一规划，分区布局，重点解决好土地分散经营制约喷灌、微灌技术规模化发展的问题，进一步完善灌区田间节水基础设施，大面积推广应用水利工程与农艺、农机相结合的滴灌、管灌、喷灌等高效节水技术，同时，将经济利益与节约用水相挂钩，建立健全高效节水激励机制，促使企业、农户等用水主体提高节水意识，确保水资源高效，永续利用。

具体而言，要加快发展蓄水、储水、输水等水利配套设施建设，增加节灌设施投入，大力推广节水灌溉技术，发展滴灌、喷灌、膜下暗灌等先进灌溉技术，提高水资源利用率，扩大冷凉蔬菜基地规模和效益。积极实施《固原市水利“十二五”发展规划》中百万亩库井灌区高效节水灌溉、设施农业（日光温室、塑料大棚）配套、高效节水农业、小型农田水利工程建设、小型水土保持配套、小型病险水库除险加固治理等工程，实现可发展灌溉面积160余万亩的目标。

（四）加强对产业化经营主体的培育，多渠道加大资金投入力度

一是大力发展以农户为基础、基地为依托、企业为龙头的冷凉

蔬菜产业化经营模式，形成冷凉蔬菜产业链各环节共同发展的格局；二是鼓励冷凉蔬菜加工企业通过订单收购、建立风险基金、返还利润、参股入股等多种形式与蔬菜种植户结成稳定的产销关系和紧密的利益联结机制，更好地发挥龙头企业带动作用；三是积极扶持蔬菜合作社、协会等农民专业合作经济组织的发展，提高冷凉蔬菜产业的组织化程度；四是鼓励采取流转、出租、股份合作等多种形式，适度规模流转土地，实现土地相对集中，推进规模化经营。

各级政府要将冷凉蔬菜建设纳入地方经济和社会发展规划，多渠道筹集建设资金，加大资金投入力度。建立政府投资为引导、种植户和企业投资为主体的多元投入机制，吸引社会资金参与蔬菜产品生产、流通等基础设施建设。鼓励涉农金融机构加大对带动农户多、有竞争力、有市场潜力的龙头企业的支持力度。探索承包地、设施温棚、重要设备等作为贷款抵押物，降低担保费率，简化信贷手续，提高社会资金投入冷凉蔬菜产业发展的积极性。

（五）建立蔬菜产业风险预警机制

固原市蔬菜供求受气候变化和市场环境影响，季节性、结构性缺口仍然很大，从而造成蔬菜市场价格波动幅度过大，给市场供给、种植户收入、产业平稳发展带来诸多不利影响。为保证蔬菜供求基本平衡和市场价格基本稳定，建立蔬菜供求预警机制和风险防范机制，提高抗风险和应急能力。一是构建全市范围内蔬菜供求预警机制，根据各地蔬菜种植面积及气候条件等信息，分析和预测蔬菜供给情况和价格走势，引导蔬菜种植户、经营者合理安排生产经营活动；二是及时发布蔬菜市场供求和价格信息，提前进行市场预警，引导蔬菜合理流通，提高流通效率；三是设立风险基金，实施合理贮菜于地、贮菜于库制度。

（六）加强蔬菜科技支撑体系建设，增强蔬菜产业发展后劲

加大对冷凉蔬菜产业科研的投入力度，改善科研条件，积极开展设施蔬菜、贮藏保鲜、加工等相关技术研究。加快节能、高效、轻简化栽培技术研究和抗逆性强、高产优质蔬菜新品种培育。加快

引进推广一批抗病、高产、优质蔬菜新品种和病虫害综合防治先进技术。特色产品不是固定不变，产业用发展的眼光进行动态关注，要按市场经济规律，不断调整产品结构和市场。为了适应市场需求走可持续发展之路，要加强新产品、新品种的开发研究，要在新品种培育、良种繁育、示范园区建设、新技术的示范和推广加大力度。参与技术创新的有高等院校、科研院所和生产企业，是典型的“产学研”紧密结合的研发范例。其中，高等院校将发挥基础和生力军作用，科研院所发挥骨干和引领作用。高等院校和科研院所将面向经济建设主战场，通过了解市场需求，了解企业需求，即重视试验室的创新成果，也重视创新成果的推广应用和实用新型人才培养，实现最大的经济和社会效益。

（七）加强农产品质量安全监管与环境保护

加快建立健全农产品质量安全监管体系，不断提升冷凉蔬菜生产的标准化水平，培育更多的绿色食品、有机食品、清真食品知名品牌，大力提高农产品市场竞争力。

注重产地环境质量保护。一要控制好废旧农膜污染。农膜覆盖是固原地区地区蔬菜产业发展的一项重要技术。但随着蔬菜种植面积的扩大，农膜使用量将快速增加，大量的废旧残膜被随意弃置，使环境受到破坏和污染。对此，固原市要建立健全废旧残膜、废弃滴灌带等废弃塑料再利用工作机制和运作体系，广泛宣传，提高群众对废旧残膜、废弃滴灌带造成产地环境污染危害性的认识，培育具有辐射作用的回收利用加工企业，从根本上解决废旧残膜、废弃滴灌带的污染问题。二要控制好化肥过量使用的污染。将滴灌、管灌、喷灌等高效节水技术与高效施肥技术结合，科学合理设计，大面积推广应用水肥一体化高效利用放术，减少化肥过量施用对产地环境的污染。

（八）加大品牌宣传引导

充分发挥冷凉蔬菜示范基地的引领带动作用，组织广大农民观摩学习，扩大示范辐射面和影响力。相关部门和新闻媒体要加大宣传力度，及时总结推广好经验、好做法，形成全社会关心、支持、参与冷凉蔬菜产业建设的良好氛围，培植和加强“六盘山”高原冷凉蔬菜品牌宣传。

八、附录

（一）固原市高原冷凉蔬菜产业规划重点建设项目汇总表（表2-2）

表 2-2　固原市高原冷凉蔬菜产业规划重点建设项目

类别	项目名称	重点建设内容	国投（亿元）	配套（亿元）
（一）水利引水工程、高效节水灌溉工程、病险水库加固工程项目	1. 宁夏百万亩库井灌区固原市节水改造工程	库井灌区现有水库 125 座，机井 1 514 眼，骨干坝 221 座。规划在库井灌区大力推广管道输水、喷灌、滴灌、微灌等高效节水灌溉技术。“十二五”末库井灌溉面积达到 73 万亩，其中，水库灌溉 52.6 万亩，机井灌溉 20.4 万亩；“十三五”末库井灌溉面积达到 100 万亩以上，其中，水库灌溉 72 万亩，机井灌溉 28 万亩	16.80	4.2
	2. 设施农业（日光温室、塑料大棚）配套工程	全市目前设施农业面积 20.81 万亩（其中，日光温室 6.61 万亩、塑料大棚 14.2 万亩），规划新增 9.19 万亩；2020 年设施农业面积达到 30 万亩，全部进行高效节水灌溉设施配套，配套管道输水、喷灌、滴灌、微灌设施，并对土地开发整理	2.88	0.5
	3. 高效节水农业改造工程	大力推进非工程农业节水措施，采取库井挖潜、压粮扩经扩草、夏粮改秋粮等措施；加大骨干渠系和末级渠系改造力度，到 2020 年田间水利用系数达到 0.90 以上；结合设施农业和高效农业，大力发展喷灌、低压管灌和微灌设施节水面积	1.00	0.15
	4. 小型农田水利工程建设	建设“五小工程”，治理库井扬水灌区灌溉面积 60 万亩，“十二五”期间完成 30 万亩	3.00	0.6
	5. 中型骨干水源工程	规划建设 9 座中型水库骨干水源工程；年新增水库供水能力 2 000 万 m^3	4.10	0.8
	小计		27.78	6.25

（续表）

类别	项目名称	重点建设内容	国投（亿元）	配套（亿元）
（二）西吉高原芹菜标准化生产核心示范基地建设项目	西吉高原芹菜标准化生产核心示范基地建设	建立芹菜标准化示范基地10万亩；病虫草害绿色防控技术示范基地10万亩；建设芹菜标准化预冷库10座；以骨干坝、天然堰、淤地坝为水源，在平台地、半坡底采用滴管、微灌节水技术发展芹菜产业3万亩；引进研发生产覆膜压沙穴播收获机械200台（套）；建立芹菜工厂化育苗中心100亩，引进配套工厂化育苗设备	4.95	0.99
	小计		4.95	0.99
（三）彭阳红河、汝河流域越夏辣椒标准化核心示范基地建设项目	彭阳红河、汝河流域越夏辣椒标准化核心示范基地建设	改造提升任湾育苗中心；新建工厂化育苗中心3处500亩；新建辣椒新品种引进集成新技术示范基地3 000亩；新建古城、新集蔬菜批发市场2个，100亩；在古城、新集、红河、白阳新建蔬菜冷链体系建设项目4万m^3；在古城、新集、红河、白阳、城阳新建露地无公害蔬菜标准化生产示范基地30 000亩；在新集乡新建大棚辣椒栽培模式试验示范基地3 000亩	0.85	0.29
	小计		0.85	0.29
（四）露地喜凉蔬菜标准化核心示范基地建设项目	1. 万亩菊芋规范化种植基地建设	在观庄、好水、温堡、凤岭建立两个万亩菊芋规范化种植基地1万亩	0.10	0.05
	2. 渝河流域冷凉蔬菜标准化生产示范基地建设	在联财、神林建立标准化冷凉蔬菜生产基地10 000亩，引进新品种，建立冷藏库，配套喷灌设施和小型农机具	0.08	0.02
	3. 六盘山区特色农业示范园	在沙塘镇分三个功能区建立720亩的特色农业示范园。其中，建立冷凉蔬菜示范区500亩，进行土壤改良，配套灌溉设备480套；建立新品种展示区120亩；建立花卉苗木展示区100亩	0.06	0.015
	4. 沙塘镇十八里村供港蔬菜基地	引进香港加记（中国）农业开发公司，在沙塘镇建立供港蔬菜生产基地1 200亩	0.05	0.05
	小计		0.29	0.135

（续表）

类别	项目名称	重点建设内容	国投（亿元）	配套（亿元）
（五）城郊设施蔬菜标准化核心示范基地建设项目	1. 现代设施农业标准化生产园建设	在开城、官厅、三营建立3个现代设施农业标准化生产园区，占地1 400亩。其中，现代化食用菌生产园2个，面积400亩。绿色有机蔬菜标准园1个，面积1 000亩	0.6	0.17
	2. 设施农业改造提升工程建设	改造日光温室3 145栋，主要对墙体用机砖围砌加固，并配套卷帘机、保温被、热风炉、自动通风系统、自动测控系统、滴灌水肥一体化等设施	0.75	0.2
	3. 现代化农业综合示范园建设	建设现代化农业综合示范园2个，面积3 000亩。其中，头营镇马园建设现代化智能连栋温室2座，高标准日光温室386栋，总面积1 000亩；在彭堡镇闫堡村建设现代化智能连栋温室2座，高标准日光温室600栋，配套冷链贮运销售体系，建设农家乐、鱼池等，总面积2 000亩	1	0.49
	4. 蔬菜预冷库建设项目	建设低温冷藏库4个，8万m^3，其中，三营镇金轮村1个、黄铎堡镇甘沟村1个，彭堡镇闫堡村1个、头营镇圆德村1个	0.2	0.05
	小计		2.55	0.91
（六）固原高原夏菜全程质量安全追溯体系建设项目	1. 市级综合质量安全追溯体系	建设1个市级综合质量安全追溯体系。主要建设内容包括：质量追溯信息处理平台、全程质量追溯信息采集系统、农药残留检测系统、产品标识打印及包装系统	0.28	0.02
	2. 县级质量安全追溯体系	建设5个县级质量安全追溯体系。主要建设内容包括：质量追溯信息处理平台、全程质量追溯信息采集系统、农药残留检测系统、产品标识打印及包装系统	0.46	0.04
	小计		0.74	0.06
（七）“六盘山”高原冷凉蔬菜品牌的建立、商业运作模式设计与实施项目	“六盘山”高原冷凉蔬菜品牌的建立、商业运作模式设计与实施	在全国重点大中城市建立六盘山品牌农产品外销窗口30个以上；建立固原市六盘山农产品信息网站；邀请专业团队制作六盘山品牌农产品广告，在中央、省、市电视台作广告宣传和专题报道；统一设计包装标识，对印制彩色包装的企业给予补助；举办、参加各类宣传推介及经贸洽谈、展会等活动	0.28	0.02
	小计		0.28	0.02

（续表）

类别	项目名称	重点建设内容	国投（亿元）	配套（亿元）
（八）固原冷凉蔬菜产业科技支撑体系建设项目	固原冷凉蔬菜产业科技支撑体系建设	整合农业科研、教学及技术推广机构的科技资源，实施科技研发创新；对重点园区、村组和大户进行技术培训，每年培训技术骨干1 000人（次）；配套建立高标准的科技示范园区，搞好新品种、新技术、新模式展示和示范，并带动一批具有不同特色的示范乡、示范村、示范户。建立农业科技示范园区10个（原州区3个，西吉县2个，彭阳县3个，隆德县2个）	1.20	0.2
	小计		1.20	0.20
（九）系列高原夏菜采后处理、加工增值项目	蔬菜产品深加工	在中河乡中河村建设蔬菜产品深加工厂1家，占地面积200亩，主要加工脱水蔬菜、胡萝卜干、番茄酱等；建设包装箱厂1家，占地50亩，主要生产高质量包装箱	0.50	0.1
	小计		0.50	0.10
（十）蔬菜产销信息化平台建设项目	蔬菜产销信息化平台建设	建设市级六盘山综合蔬菜产销信息发布平台，主要包括农产品产地的生态环境、农业投入品检测和产品质量信息系统、信息分析及发布系统。建设市级综合价格与质量预警机制，主要包括农产品质量安全监测数据信息、日常监管信息系统	0.37	0.03
	小计		0.37	0.03
	总计		39.51	8.99

（二）固原蔬菜产业现状及规划数据表（表2-3至表2-11）

表2-3 水资源现状统计表

县区		原州	西吉	彭阳	隆德	泾源	合计
流域		清水河	葫芦河	茹河、红河安家川河	渝河、渭河	泾河	
水资源平衡量	降水总量（亿 m^3）	16.162	13.209	11.841	5.191	6.858	53.261
	地表水资源量（亿 m^3）	1.38	0.812	0.89	0.72	1.999	5.801
	地下水资源量（亿 m^3）	0.524	0.291	0.381	0.421	1.29	2.907
	水资源总量（亿 m^3）	1.38	0.8120	0.8900	0.7200	1.9990	5.801

（续表）

县区			原州	西吉	彭阳	隆德	泾源	合计
水源	机井	数量（个）	1 786	1 479	389	280	24	3 958
		容量（亿 m^3）	0.32	0.1378	0.1080	0.1	0.0253	0.6911
	水库	数量（个）	34	44	38	27	4	147
		容量（亿 m^3）	2.5267	2.4697	1.4247	0.4539	0.0402	6.9152
	水坝（骨干坝）	数量（个）	10	40	9	15		74
		容量（亿 m^3）	0.1318	0.6852	0.3521	0.3736		1.5427

表 2-4　固原市自然、劳动力资源现状表

县区	乡镇	光照时数	≥10℃有效积温	降水量（mm）	海拔（m）	人口（万人）	劳动力（万人）	吃菜人口（万人）
原州	12	1 400~1 800	2 691.9	400~450	1 650	31.6542	16.58	46.09
西吉	19	2 142.6	1 880~2 450	350~450	1 688~2 633	45.9866	21.23	49.77
彭阳	12	2 373.2	2 291~2 816	450	1 556	22.9333	8.5	20.3
隆德	13	2 228~2 428	1 482~2 234	487~570	1 755~2 200	15.3539	7.94	16.2
泾源	7	2 160.8	2 042.3	734.6	1 775~2 012	11.3997	8.16	14.794
合计	63					127.33	62.41	147.15

表 2-5　固原市土地资源现状表

县区	合计	土地总面积（万亩）				可发展蔬菜面积（万亩）			已经发展蔬菜面积（万亩）		
		水浇地	川旱地	塬地（台）	坡地	水浇地	川旱地	塬地（台）	水浇地	川旱地	塬地（台）
原州	158	19.97	138.0			1.5	0.5		19.7	3.3	
西吉	241.9	18.69	41.51	114.7	67	6.69	4.2	1.1	12		
彭阳	100.3	5.70	10.00	9.90	74.70	5.70	9.30	4.00	3.80	5.80	
隆德	59.55	8.08	20.06	1.01	30.4	2.33	16.8		5.75	0.75	
泾源	22.43		3.28	19.15			1.4	1.6		0.29	0.24
合计	582.2	52.44	212.9	144.8	172.1	16.2	32.2	6.7	41.3	10.1	0.24

表 2-6　固原市冷凉蔬菜经营主体统计表

县区	乡镇	企业名称	主要品种与市场	组织化程度		
				合作社（协会）		经营大户（户）
				数量（个）	社员（人）	
原州	三营镇	嘉禾缘农业科技有限公司	亨椒 1 号、鼎盛 1 号、德尔	1	3	2
	头营镇	六盘龙蔬菜保鲜公司	亨椒 1 号、鼎盛 1 号、德尔	2	8	5
	彭堡镇	瑞丰科技有限公司	文图拉、春雨黄	1	4	8
	官厅		文图拉、春雨黄	2	6	4
	合计	4		6	21	19
西吉	吉强 新营 兴隆 将台 硝河	宁夏旺吉农牧业发展有限公司	番茄、甘蓝、花椰菜等			
		西吉县吉农蔬菜专业合作社		1	2 600	30
		西吉县商源蔬菜专业合作社		1	230	10
		浩泰蔬菜种植专业合作社		1	500	12
		西吉县丰农蔬菜种植专业合作社	芹菜、胡萝卜，外销全国	1	50	3
		其他 57 个合作社		48	5 396	318
	合计	62		60	9 036	404
彭阳	红河乡、白阳镇、古城镇、新集乡、城阳乡		辣椒外销西安、兰州			
	合计			25	230	40
隆德	城关镇	供港基地	广东菜心	1	260	1
	沙塘镇	供港基地	广东菜心	1	260	1
	联财镇	蔬菜种植合作社	辣椒、番茄	4	780	8
	神林乡	1. 隆德绿鲜果蔬专业合作社 2. 兰州介石农产品有限公司 3. 神林四季鲜蔬菜专业合作社	花卉蔬菜	3	402	2
	合计			9	2 364	12
泾源		泾源县王成蔬菜种植专业合作社	甘蓝			1
	总计			96	10 209	468

表 2-7　固原市冷凉蔬菜育苗、冷库统计表

县区	乡镇	企业名称	育苗中心			冷链体系		
			育苗中心	集中育苗点	育苗能力（万株）	冷库数量（个）	冷库总面积（m^2）	贮藏能力（t）
原州区	三营镇	嘉禾缘农业科技有限公司	1	2	3 000			
	头营镇	六盘龙蔬菜保鲜公司				1	5 000	2 400
	头营镇	盛泰农业科技开发公司	1		3 000			
	彭堡镇	瑞丰科技有限公司				1	2 000	1 200
	彭堡镇	绿缘蔬菜产销合作社	1		2 000			
	合计	7	3	2	8 000	2	7 000	3 600
西吉县	吉强、新营、兴隆、将台、硝河	宁夏华林农业综合开发有限公司		1	3 000	6	3 216	8 000
		西吉县吉农蔬菜专业合作社				6	900	1 800
		西吉县商源蔬菜专业合作社				13	2 400	5 000
		浩泰蔬菜种植专业合作社				20	4 000	8 000
		西吉县丰农蔬菜种植专业合作社				8	1 200	2 400
		其他 57 个合作社				16	3 200	6 600
	合计	62		1	3 000	103	20 576	31 800
彭阳县	红河乡			2	1 500	6	900	900
	白阳镇		1		1 500	3	1 872	1 800
	古城镇			1	700	2	500	500
	新集乡			1	700	2	100	100
	城阳乡					2	100	100
	合计		1	4	4 400	15	3 472	3 400

（续表）

县区	乡镇	企业名称	育苗中心			冷链体系		
			育苗中心	集中育苗点	育苗能力（万株）	冷库数量（个）	冷库总面积（m^2）	贮藏能力（t）
隆德县	城关镇	供港基地		1	200	2	1 067	1 260
	沙塘镇	供港基地		1	200	2	1 067	1 260
	联财镇	蔬菜种植合作社		1	300	2	900	900
	沙塘镇	育苗中心	1		500			
	神林乡	1. 隆德绿鲜果蔬专业合作社；2. 兰州介石农产品有限公司；3. 神林四季鲜蔬菜专业合作社				2	2 250	1 125
	合计		1	3	1 200	8	5 284	4 545
泾源	泾源县王成蔬菜种植专业合作社			1	30			
	总计		5	11	16 630	128	36 332	43 345

表 2-8 固原市各种作物面积、产量、产值统计表

县区	作物	面积（万亩）	单产（kg/亩）	总量（万 kg）	亩产值（元/亩）	总产值（元）	亩收益（万元）	总收益（万元）
原州	日光温室	1.98	4 500	8 910	6 300	12 474	3 150	6 237
	塑料拱棚	6.22	4 000	24 880	3 200	19 904	1 600	9 952
	露地蔬菜	14.87	3 150	46 840.5	1 890	28 104	945	14 052.15
	合计	23.07	3 495	80 630.5	2 621.69	60 482	1 310.84	30 241.2
西吉	日光温室	0.28	5 000.0	1 400.0	9 000.0	2 520.0	6 000.0	1 680.0
	塑料拱棚	0.35	4 500.0	1 575.0	8 100.0	2 835.0	5 100.0	1 785.0
	露地蔬菜	10.87	4 246.6	46 160.5	5 945.2	64 624.8	3 445.2	37 449.8
	合计	11.50	4 273	49 136	6 085	69 980	3 649	41 965
彭阳	日光温室	3.60	3 000	10 800	6 000	21 600	5 000	18 000
	塑料拱棚	6.00	2 500	16 000	3 750	22 500	3 000	18 000
	露地蔬菜	1.40	2 000	2 800	2 400	3 360	1 900	2 660
	合计	11.00	2 691	29 601	4 315	47 460	3 515	38 660

（续表）

县区	作物	面积（万亩）	单产（kg/亩）	总量（万 kg）	亩产值（元/亩）	总产值（元）	亩收益（万元）	总收益（万元）
隆德	日光温室	0.75	4 500	3 375	8 100	6 075	4 050	3 038
	塑料拱棚	1.60	3 000	4 800	5 400	8 640	2 970	4 752
	露地蔬菜	4.15	2 500	10 375	4 500	18 675	2 700	11 205
	合计	6.50	2 854	18 550	18 000	33 390	2 922	18 995
泾源	塑料拱棚	0.03	5 130	153.9	6 156	184.68	4 596	137.88
	露地蔬菜	0.50	1 293.56	646.78	1 707.04	853.52	1 377.32	688.66
	合计	0.53	6 424	801	7 863	1 038	5 973	827
	总计	52.60	3 456.9	181 832	3 855.34	202 791	2 281.99	120 033

表 2-9　固原市冷凉蔬菜产业发展规划布局表

产业	区域		产品	面积（万亩）	单产（t）	总产（万 t）	亩产值（万元/亩）	总产值（亿元）
	县区	乡镇						
高原芹菜	西吉	新营、吉强镇、硝河、马莲、将台、兴隆	加州王、文图拉	15	6	90	0.7	10.5
	原州	头营、彭堡、官厅		5	6	30	0.7	3.5
	小计			20		120		14
越夏辣椒	彭阳	红河、新集、古城、白阳镇、城阳	亨椒 1 号、牛角王	14	3	42	0.5	7
	隆德	联财、温堡、神林		4	3	12	0.5	2
	原州	头营、三营 中河、彭堡		2	3	6	0.5	1
	小计			20		60		10
露地喜凉菜	原州	头营、官厅、彭堡、三营、开城、中河	白菜、萝卜、胡萝卜、甘蓝、葱头、南瓜、芥蓝、菜花、菜心、娃娃菜、菊芋	9	4	36	0.35	3.15
	隆德	联财、神林、沙塘、城关、观庄、凤岭、温堡、好水		7	4	28	0.35	2.45
	西吉	吉强、兴隆 平峰、火石寨		6	4	24	0.35	2.1
	小计			22		88		7.7

（续表）

产业	县区	乡镇	产品	面积（万亩）	单产（t）	总产（万t）	亩产值（万元/亩）	总产值（亿元）
城郊设施菜	原州	官厅、彭堡、头营、中河、三营、开城	黄瓜、番茄、辣椒、西甜瓜、韭菜、芹菜、食用菌、油菜、茄子、林果	9	3.5	31.5	0.7	6.3
	彭阳	城阳、白阳、新集、红河		5	3.5	17.5	0.7	3.5
	隆德	沙塘、城关、神林、温堡、联财		3	3.5	10.5	0.7	2.1
	西吉	吉强、将台、硝河、马莲、兴隆		1	3.5	3.5	0.7	0.7
	小计			18		63		12.6
	总计			80	4.14	331	0.55	44.3

表2-10　固原市冷凉蔬菜生产区划表

表2-10-1　高原芹菜

县区	区域布局	面积（万亩）	育苗中心				冷藏库			
			现有规模		规划建设		现有规模		规划建设	
			数量（个）	育苗量（万株）	数量（个）	育苗量（万株）	数量（个）	面积（m^2）	数量（个）	面积（m^2）
西吉	新营、吉强、硝河、马莲、将台、兴隆	15			1	5 000	57	9 600	10	25 000
原州	头营、彭堡、官厅	5	2	2 000	1	2 000	2	4 500	2	5 000
合计		20	2	2 000	2	7 000	59	14 100	12	30 000

表2-10-2　越夏辣椒

县区	区域布局	面积（万亩）	育苗中心				冷藏库			
			现有规模		规划建设		现有规模		规划建设	
			数量（个）	育苗量（万株）	数量（个）	育苗量（万株）	数量（个）	面积（m^2）	数量（个）	面积（m^2）
彭阳	红河、新集、古城、城阳、白阳	14	1	2 000	3	18 000	15	3 750	3	7 500
隆德	联财、温堡、沙塘、神林	4	1	500	1	5 000	4	2 200	2	5 000
原州	头营、三营、中河、彭堡	2	2	2 000	1	2 500	1	2 500	1	2 500
合计		20	4	4 500	5	25 500	20	8 450	6	15 000

表2-10-3　露地喜凉菜

县区	区域布局	蔬菜种类	面积（万亩）	育苗中心				冷藏库			
				现有规模		规划建设		现有规模		规划建设	
				数量（个）	育苗量（万株）	数量（个）	育苗量（万株）	数量（个）	面积（m^2）	数量（个）	面积（m^2）
原州	头营、官厅、彭堡三营、开城、中河	甘蓝、萝卜、大白菜、菜心	9	2	4 000	1	3 000	2	4 500	1	2 500
隆德	联财、神林、沙塘、城关、观庄、凤岭、温堡、好水	白菜、甘蓝、芥蓝、菜花、菜心、菊芋	7	1	500	1	3 000	6	3 400	2	5 000
西吉	平峰、王民、火石寨、什字	胡萝卜、大白菜、甘蓝	6							2	5 000
合计			22	3	4 500	2	6 000	8	7 900	5	12 500

表2-10-4　城郊设施菜

县区	区域布局	蔬菜种类	面积（万亩）	育苗中心				冷藏库			
				现有规模		规划建设		现有规模		规划建设	
				数量（个）	育苗量（万株）	数量（个）	育苗量（万株）	数量（个）	面积（m^2）	数量（个）	面积（m^2）
原州	官厅、彭堡、头营、中河、三营、开城	黄瓜、番茄、辣椒、西甜瓜、人生果、油桃	9	3	5 000	2	7 000	2	4 500	3	7 500
彭阳	城阳、白阳镇、新集、红河	番茄、油桃、辣椒、黄瓜	5	1	500	1	3 000	5	2 100	1	4 500
隆德	沙塘、城关、温堡、联财	番茄、辣椒	3			1	2 000	4	2 400	1	2 500
西吉	吉强、将台、硝河、马莲	番茄、辣椒	1			1	2 000	3	1 000	4	3 500
合计			18	4	5 500	5	14 000	14	10 000	9	18 000

表 2-11 固原市冷凉蔬菜产业分年度规划表

产业	区域		发展规模（万亩）						
	县区	年度	2014	2015	2016	2017	2018	2019	2020
高原芹菜	西吉	新营、吉强、硝河、马莲、将台、兴隆	9	10	11	12	13	14	15
	原州	头营、彭堡、官厅	2	2.5	3	3.5	4	4.5	5
	小计		11	12.5	14	15.5	17	18.5	20
越夏辣椒	彭阳	红河、新集、古城、白阳、城阳	8	9	10	11	12	13	14
	隆德	联财、温堡、神林	1	1.5	2	2.5	3	3.5	4
	原州	头营、三营、中河、彭堡	1	1.2	1.4	1.6	1.8	2	2
	小计		10	11.7	13.4	15.1	16.8	18.5	20
露地喜凉菜	原州	头营、官厅、彭堡、三营、开城、中河	7	7.5	8	8.3	8.5	8.7	9
	隆德	联财、神林、沙塘、城关、观庄、凤岭、温堡、好水	4.5	4.7	5	5.5	6	6.5	7
	西吉	吉强、兴隆、平峰、火石寨	4.5	4.8	5	5.2	5.5	5.8	6
	小计		16	17	18	19	20	21	22
城郊设施菜	原州	官厅、彭堡、头营、中河、三营、开城	8.2	8.3	8.4	8.5	8.6	8.8	8
	彭阳	城阳、白阳镇、新集、红河	3.6	3.7	3.8	3.9	4	4	5
	隆德	沙塘、城关、神林、温堡、联财	2.7	2.75	2.8	2.85	2.9	2.95	3
	西吉	吉强、将台、硝河、马莲、兴隆	1.7	1.75	1.8	1.85	1.9	1.95	2
	小计		16.2	16.5	16.8	17.1	17.4	17.7	18
	总计		53.2	57.7	62.2	66.7	71.2	75.7	80

第三节　固原市冷凉蔬菜产业全产业链提质增效实施方案

一、产业发展背景

（一）全国蔬菜产业发展背景

我国是世界蔬菜生产第一大国，在市场经济杠杆的作用下，蔬菜已经超过粮食成为第一大农产品，是农民增收的重要经济支柱。根据联合国粮农组织（FAO）统计，中国蔬菜播种面积和产量分别占世界的43%、49%，均居世界第一。2015年全国蔬菜播种面积达3.2亿亩，蔬菜总产量高达7.02亿t，产值超过14 000亿元，约占种植业总产值的1/3，蔬菜产业吸纳城乡劳动力就业1.8亿，对农民人均纯收入贡献870元，蔬菜出口934.9万t，出口创汇125亿美元，进出口贸易顺差124亿美元，对于平衡491.9亿美元农产品贸易逆差起到了至关重要的作用，蔬菜产业已由原来单纯的保障大中城市蔬菜供应拓展到“保供，增收，就业，创汇”四大功能，成了保障城乡居民蔬菜供给、增加农民收入、拉动城乡就业和扩大出口创汇的朝阳产业。

保障蔬菜产业的健康发展关乎国计民生。国家先后出台了关于统筹推进新一轮“菜篮子”工程建设的意见（国办发〔2010〕18号）、关于进一步促进蔬菜生产保障市场供应和价格基本稳定的通知（国发〔2010〕26号）等政策促进蔬菜产业发展。党的十八大和十八届四中、五中、六中全会以来，国家以“创新、协调、绿色、开放、共享”五大发展理念，以农业供给侧结构性改革为总抓手，促进转变农业发展方式，推进农业结构战略性调整，按照“稳定蔬菜面积，发展设施生产，壮大经营主体，实现均衡供应，提高农村收入，实施精准扶贫”的工作思路，推动蔬菜产业由扩规增量向提质增效转变，由单一生产向一二三产业融合转变。

高山、高原冷凉蔬菜是利用高山（高原）高海拔地区夏季自然冷凉气候条件生产的天然反季节商品蔬菜。我国高山蔬菜主要分布在武陵山区、秦巴山区、大别山区、坝上及河西走廊、云贵和青藏高原的老、少、边、穷地区，年播种面积约 2 700 万亩，产值约 700 亿元，在满足我国居民夏季鲜菜供应和山区农民脱贫致富方面发挥了重要作用。内蒙古、甘肃、宁夏、陕西等省（区）在近年来借助政策支持发展较快，每年以 50 万亩的速度递增，形成了以设施装备为主的优势产区。

（二）固原蔬菜产业背景

近年来，固原市坚持设施与露地并重、内供与外销协调、品种与季节适应，突出抓好冷凉蔬菜新技术、新品种、新装备的引进示范、综合集成技术示范园区（点）建设，逐步实现冷凉蔬菜产业的优化升级和提质增效，被中国特产协会授予“中国冷凉蔬菜之乡”。目前，全市冷凉蔬菜种植总面积 60 万亩，建立规模化、标准化蔬菜生产示范基地（园区）50 个，建立永久性蔬菜生产基地 33 个，年蔬菜总产量达到 200 万 t 以上，总产值 22 亿元。其中，原州区坚持“冬菜北上、夏菜南下”的生产方针，在发展城郊型蔬菜基地的同时，加大露地外销型特色冷凉蔬菜基地建设，种植以黄瓜、番茄、辣椒和广东菜心等为主的蔬菜 26 万亩。建立了南河滩、火车站等 5 个蔬菜批发市场，11 处集镇农产品销售市场，3 个蔬菜预冷库，1 个脱水蔬菜厂，培育了 18 家蔬菜合作社，初步形成以蔬菜收购营销点为基础，运销合作组织为龙头，运销大户为骨干的市场营销体系，产品远销上海、西安、武汉等大中城市和港澳台地区。西吉县发展以芹菜、蒜苗、胡萝卜、大拱棚番茄、大白菜（娃娃菜）、甘蓝等为主的特色蔬菜 15 万亩。围绕生产、加工、销售等关键环节，组建了西吉小义、助农、天绿、三农、祥农、富裕、天裕等 100 多家蔬菜合作社，发展贩运大户及经纪人 50 多个，培育营销人员 500 多人。形成了“龙头企业+基地+农户+市场”“贩运大户+合作社+农户+市场”等经营模式。开拓了 21 个省份的

43个大型农产品批发市场，销售渠道畅通、效果良好，经济效益显著。隆德县发展以番茄、辣椒、芥蓝、菜心为主的蔬菜6万亩，着力构建喜凉露地蔬菜基地，形成供应周边的沿隆静公路营销市场3处。彭阳县发展以辣椒为主的冷凉蔬菜13万亩。建立辣椒批发市场5处，配套预冷贮藏库14座，引进龙头企业4家，组建辣椒专业合作组织20多家，培养营销大户50多家，形成“支部+协会+基地+农户”的发展模式，建立覆盖西安、兰州等大中城市的营销网络和信息、技术交流互动机制，90%以上的辣椒实现区外销售（表2-12）。

表2-12　固原市蔬菜面积、产量、产值、效益统计表

县区	作物	面积（万亩）	单产（kg/亩）	总量（万kg）	亩产值（元/亩）	总产值（万元）	亩收益（元）	总收益（万元）	农民人均蔬菜年收入（元）	菜农人均年收入（元）
原州区	日光温室	2.21	4 500	9 945	6 300	13 923	3 150	6 962		
	塑料拱棚	1.46	4 000	5 840	3 200	4 672	1 600	2 336		
	露地蔬菜	22.33	3 150	70 340	1 890	42 204	945	21 102		
	合计	26	3 312	86 125	2 338	60 799	1 169	30 399		
西吉县	日光温室	0.33	5 000	1 650	9 000	2 970	6 000	1 980		
	塑料拱棚	2.32	4 500	10 440	8 100	18 792	5 100	11 832		
	露地蔬菜	12.35	4 247	52 446	5 945	73 424	3 445	42 549		
	合计	15.00	4 302	64 536	6 346	95 186	4 221	63 321		
彭阳县	日光温室	4.60	3 000	10 800	6 000	21 600	5 000	18 000		
	塑料拱棚	6.90	2 500	16 000	3 750	22 500	3 000	18 000		
	露地蔬菜	1.00	2 000	2 800	2 400	2 400	1 900	1 900		
	合计	12.50	2 644	33 050	4 315	53 931	3 515	43 931		
隆德县	日光温室	0.25	3 000	750	3 300	825	1 980	495		
	塑料拱棚	1.13	1 800	2 034	1 980	2 237	1 188	1 342		
	露地蔬菜	4.12	1 300	5 356	1 430	5 892	858	3 535		
	合计	5.50	1 480	8 140	1 628	8 954	570	3 134		

（续表）

县区	作物	面积（万亩）	单产（kg/亩）	总量（万 kg）	亩产值（元/亩）	总产值（万元）	亩收益（元）	总收益（万元）	农民人均蔬菜年收入（元）	菜农人均年收入（元）
泾源县	日光温室	0.01	2 500	25	2 750	28	1 650	17		
	塑料拱棚									
	露地蔬菜	0.99	1 800	1 782	1 980	1 960	1 188	1 176		
	合计	1.00	1 807	1 807	1 988	1 988	696	696		
	总计	60	3 228	193 657	3 681	220 857	2 358	141 481	1 088	6 000

但固原冷凉蔬菜产业在快速发展的同时，制约产业发展的问题也逐步凸现。一是设施装备水平低。大部分日光温室和拱棚建设标准低，抵御自然灾害能力差，在低温霜冻、大风、高温期间栽培作物常受伤害，安全性、增产、增收的稳定性得不到保障。自动化、机械化、智能化环境调控等现代高新技术应用率不高。二是标准化生产水平不高。蔬菜种子经营不规范；基地建设水平低，科技创新能力不强，关键技术推广普及率较低，科技含量不高；连作障碍问题日趋严重，土壤退化，病虫害频繁发生，产品质量下降，生产成本上升；茬口不统一，品种不突出；机械化作业程度低，农用机械种类单一，农艺与农机没有深度融合。三是商品竞争力不强，经营理念滞后。四是冷链物流体系建设滞后。五是组织化程度低，品牌效应弱，市场开拓不足。六是蔬菜产品加工能力低下，主要以鲜食外销为主，预冷保鲜加工占比例小。仅有的西吉旺泉食品公司加工的芹菜汁，品牌效应和市场销量也不乐观。七是质量安全体系不健全。农产品质量安全监管追溯体系、农业品种投入制度、无公害蔬菜生产技术体系尚未建立；现有蔬菜检测仪器简陋，检测能力薄弱，专业检测人员缺乏；病虫害绿色防控技术亟需大面积推广；蔬菜生产基地、乡镇农贸市场、合作组织蔬菜质量监测点建设滞后。

固原冷凉蔬菜产业是典型的外向型产业，除供应本地区外，大部分外销，供港蔬菜全部实现外销。外销产品主要是芹菜、辣椒、番茄、西蓝花、菜花、胡萝卜、菜心、芥蓝等，外销比例达80%以上，外销市场主要为石家庄、太原、郑州、西安、成都、重庆、武汉、广州、深圳等西北、华北、西南、华中、华南部分城市和我国香港市场。从外销的市场形势来看，“十三五”期间，适度扩大蔬菜规模市场空间宽裕，主要是我国中原及南方气候高温多湿，蔬菜生产受限而消费需求高端且多样化，因此规划新建蔬菜基地和原有基地要充分发挥固原气候海拔高、昼夜温差大、光照充足、有效积温高等优势，提高品质，优化品种，合理安排茬口，发展高端特菜，以外销为突破口，实现增产增收。固原市将以扶贫开发和发展外向型经济及蔬菜（园艺）产业提质增效工程为契机，按照“保供给、促增收”的目标，不断推进冷凉蔬菜产业提质增效。

二、发展目标和区域布局

（一）发展目标

“十三五”末，全市蔬菜生产面积达到65万亩［其中，日光温室7万亩、拱棚13万亩、露地（设施）蔬菜45万亩］。建立高原冷凉蔬菜标准化核心示范基地（菜篮子、永久性蔬菜基地）30个；培植冷凉蔬菜龙头企业10家、专业合作经济组织500个；推进田头市场建设，培育生产集中度高、市场基础良好、农民组织化程度相对较高的产地批发市场10个。90%蔬菜产品整体达到绿色食品标准，60%冠以“六盘山”品牌销售，实现总产值33.75亿元以上，冷凉蔬菜提供农村居民人均可支配收入达到1 700元以上。

（二）区域布局

坚持“依据水源定区域、依据水量定规模”的原则，以“中心带园区、带基地、连农户”，在全市五河流域发展以露地设施和大中拱棚为主的冷凉蔬菜产业，推进“四大特色片区”协调发展。

1. 西吉县葫芦河流域高原芹菜片区

以西吉县葫芦河流域的新营、吉强、硝河、马莲、将台、兴隆等乡镇为核心，辐射原州区清水河流域的官厅、彭堡、头营等乡镇，形成高原芹菜片区。品种为加州王、文图拉、法国皇后、圣地亚哥、七寸红，复种蒜苗、红笋、洋葱等，面积达到10万亩。到2020年总产达到60万t，产品90%外销到浙江衢州、重庆盘溪、合肥周谷堆、湖南长沙马王堆以及上海、成都等城市的蔬菜批发市场，5%作为宁夏旺泉食品厂加工原料，5%内供市县区蔬菜市场（附图4-1、表2-13）。

表2-13　固原市高原芹菜发展规模布局表

县（区）	区域布局	面积（万亩）	灌溉水源					
			水库（座）	库容（亿m^3）	水井（眼）	容量（亿m^3）	水坝（个）	容量（亿m^3）
西吉县	新营、吉强、硝河、马莲、将台、兴隆	8	22	1.3979	1 100	0.099	18	0.3517
原州区	头营、彭堡、官厅	2	12	1.1437	820	0.1394	0	0
合计		10	34	2.5416	1 920	0.2384	18	0.3517

2. 彭阳县红河、茹河流域越夏辣椒片区

以彭阳县红河、茹河流域的古城、新集、白阳镇、红河、城阳等乡镇为核心，辐射原州区清水河流域的中河、彭堡、头营、三营和隆德县渝河流域的联财、神林、沙塘、城关，甘渭河流域的温堡等乡镇日光温室及露地种植辣椒，品种为亨椒系列的牛角、羊角和陇椒系列的线椒，到2020年面积达到15万亩，总产达到45万t，产品92%外销到银川北环、西安欣桥、兰州七里河以及宝鸡、平凉等城市的蔬菜批发市场，8%内供市县区蔬菜市场（附图4-2、附图4-3、表2-14）。

表 2-14　固原市越夏辣椒发展规模布局表

县（区）	区域布局	面积（万亩）	灌溉水源					
			水库（座）	库容（亿 m^3）	水井（眼）	容量（亿 m^3）	水坝（个）	容量（亿 m^3）
彭阳	红河、新集、古城、城阳、白阳镇	11.5	19	0.8441	360	0.1008	5	0.2425
隆德	联财、温堡、沙塘、神林	2	10	0.2264	220	0.0792	3	0.147
原州	头营、三营、中河、彭堡	1.5	12	0.5294	1 210	0.2178	2	0.0274
合计		15	41	1.5999	1 790	0.3978	10	0.4169

3. 隆德县渝河流域露地喜凉蔬菜片区

以隆德县渝河流域的城关、沙塘、神林、联财、观庄、凤岭、温堡、好水为主，原州区清水河流域的开城、官厅、中河、彭堡、头营、三营及西吉县的吉强、兴隆、平峰、火石寨等补灌区发展露地喜凉菜。品种为娃娃菜、甘蓝、洋葱、菜花、菜心，面积达到25万亩。到2020年总产达到100万t，产品90%外销到浙江衢州、重庆盘溪、合肥周谷堆、湖南长沙马王堆、银川北环、西安欣桥、兰州七里河以及上海、成都、宝鸡、平凉等城市的蔬菜批发市场。10%内供市县区蔬菜市场（附图4-4至附图4-7、表2-15）。

表 2-15　固原市露地喜凉菜发展规模布局表

县（区）	区域布局	蔬菜种类	面积（万亩）	灌溉水源					
				水库（座）	库容（亿 m^3）	水井（眼）	容量（亿 m^3）	水坝（个）	容量（亿 m^3）
原州	头营、官厅彭堡、三营开城、中河	甘蓝、萝卜、大白菜、供港菜心	15.7	19	0.11437	1 480	0.2664	3	0.0378
隆德	联财、神林、沙塘、城关、观庄、凤岭、温堡、好水	白菜、甘蓝、芥蓝、菜花、菜心、菊芋、娃娃菜	3.1	17	0.3518	253	0.091	7	0.2012

（续表）

县（区）	区域布局	蔬菜种类	面积（万亩）	灌溉水源					
				水库（座）	库容（亿 m^3）	水井（眼）	容量（亿 m^3）	水坝（个）	容量（亿 m^3）
西吉	平峰、王民、火石寨、什字	胡萝卜、大白菜、甘蓝	6.2	2	0.012	263	0.0237	7	0.118
合计			25	38	0.47817	1 996	0.3811	17	0.3574

4. 原州区清水河流域城郊设施蔬菜片区

以原州区供应市区城郊型设施蔬菜基地为重点，辐射各县（区），稳定城郊型设施温棚面积和蔬菜供给能力，以多品种错季节均衡上市为目标，发展果菜和叶菜，搭配发展林果、食用菌等其他花色蔬菜。品种为露地选择芹菜、萝卜、大白菜、甘蓝等叶菜；拱棚选择辣椒、番茄、西甜瓜及部分叶类菜为主；日光温室选择以茄果类、瓜类为主，面积达到 15 万亩。到 2020 年总产达到 53 万 t，产品 50%外销到银川北环、西安欣桥、兰州七里河以及宝鸡、平凉等城市的蔬菜批发市场。50%内供市县区蔬菜市场，保障“菜篮子”供应（附图 4-8 至附图 4-10、表 2-16）。

表 2-16　固原市城郊设施菜发展规模布局表

县（区）	区域布局	蔬菜种类	面积（万亩）	灌溉水源					
				水库（座）	库容（亿 m^3）	水井（眼）	容量（亿 m^3）	水坝（个）	容量（亿 m^3）
原州	官厅、彭堡、头营、中河、三营、开城	黄瓜、番茄、辣椒、西甜瓜、人生果、油桃	8	19	0.11437	1 480	0.2664	3	0.0378
彭阳	城阳、古城、新集、红河、白阳镇	番茄、油桃、辣椒、黄瓜	4	12	0.4044	300	0.084	5	0.2425
隆德	沙塘、城关、温堡、联财	番茄、辣椒	1.5	10	0.2264	220	0.0792	3	0.147

（续表）

县（区）	区域布局	蔬菜种类	面积（万亩）	灌溉水源					
				水库（座）	库容（亿 m^3）	水井（眼）	容量（亿 m^3）	水坝（个）	容量（亿 m^3）
西吉	吉强、将台、硝河、马莲	番茄、辣椒	1.5	14	0.1689	600	0.054	5	0.1733
合计			15	55	0.91407	2600	0.4836	16	0.6006

三、重点工作

积极实施固原市《关于加快五河流域发展的若干意见》，以建设固原国家农业科技园区为重点，以市场需求为导向，突出抓好冷凉蔬菜产业组织机构和研发中心建设，组建六盘山冷凉蔬菜协会，整合资源，推动冷凉蔬菜产业向园区化布局、规模化种植、标准化生产、集约化经营发展，提高蔬菜的市场均衡供应水平和质量安全水平，全面提升以规模、单产、质量、效益为标志的现代化蔬菜产业水平，实现全产业链发展，促进冷凉蔬菜产业提质增效，保障农民持续增收。

（一）成立固原市冷凉蔬菜产业发展领导小组

1. 加强组织领导

以习近平总书记视察并肯定固原冷凉蔬菜产业助力精准脱贫为契机，进一步强化“菜篮子”市、县（区）长负责制下的目标责任制。市政府成立冷凉蔬菜产业发展领导小组，由政府主要领导任组长，市委、政府分管领导任副组长，副秘书长及市财政、发改、水务、科技、农牧、国土、交通、工信、商务、市场监管、经合、扶贫、金融等部门负责人为成员。各县（区）也要成立相应的组织机构，落实具体人员，统一思想，明确职责。

把发展冷凉蔬菜作为促进区域经济发展，实现农民增收的主要措施纳入重要议事日程，由分管农业的副市长专抓，在市农牧局设立蔬菜产业办公室，研究制定本区域发展规划（年度计划），协调解决冷凉蔬菜产业发展重大问题，加大支持力度，强化部门协作，切实将各项政策措施落实到位。县（区）、相关乡镇政府要进一步明确工作职责，细化工作任务，在土地调整、设施配套、栽培技术、生产管理、市场开拓等方面着力抓好组织、协调和服务。各级相关部门要各司其职，各负其责，相互协作，密切配合，切实做好工作，确保各项措施落到实处。财政部门要研究建立蔬菜产业发展基金，落实建设项目及其配套资金；发改部门要争取并优先安排扶持蔬菜产业发展的项目，落实蔬菜产业价格保险政策及相关补贴政策；水务部门要把节水灌溉项目向蔬菜生产基地倾斜，配备完善供水渠道、蓄水池及节灌（微灌、滴灌、喷灌）设施等；科技部门要着力引进蔬菜生产新品种、新技术，开展示范研究。积极推行试验示范智能化蔬菜生产设施设备；农牧部门要负责蔬菜产业化推进日常管理工作，邀请区内外专家和并当地业务骨干组建技术服务组，开展技术指导、科技培训、技术措施的落实、测产验收等工作。引进示范推广设施农业新型农机具，加强蔬菜质量安全追溯体系建设和监督检测、认证认定等工作，为提升蔬菜生产技术水平和产业发展提供技术保障；国土部门要在蔬菜设施农用地、土地治理等方面给予项目支持；交通部门要在蔬菜基地、园区道路硬化等方面给予项目支持；工信部门要积极争取项目，支持蔬菜加工企业改造升级；商务部门要积极扩大建设遍布区内、区外主要农贸市场的营销窗口，以点带面宣传和拓展销售市场，加快公益性蔬菜批发市场建设力度和冷链体系建设步伐，推进集约化经营；市场监管部门要做好流通领域的蔬菜营销监管，蔬菜地理标志认定等工作；经合部门要发挥参加各类节会的有利时机，积极推介和招商引进大型企业入住固原，增强和完善冷凉蔬菜产业链条；扶贫部门要结合精准扶贫、县内生态移民等在蔬菜产业、园区建设等方面争取政策、项目支持；金融部门要采取基准利率、担保贷款、贷款贴息等方式支持蔬菜产业发展。

2. 完善扶持政策

进一步强化政府服务功能，在产业发展中制定金融、项目、人才等扶持鼓励政策，引导产业持续发展。每年在“固原市建设小康社会发展基金”中专项安排蔬菜产业资金1 000万元。支持引进人才、技术、研发和示范推广等。进一步创新扶持机制，将支农资金和金融信贷结合起来，引导撬动社会资金投资冷凉蔬菜产业，提升发展水平。一是加大标准化（永久性）冷凉蔬菜基地保护力度，实行积极的补偿机制；二是整合农业综合开发、国土整理等项目，加大冷凉蔬菜基地建设力度；三是设立冷凉蔬菜奖励基金，对冷凉蔬菜基地建设、龙头企业、精品名牌实行奖励；四是对新建、维修改造的蔬菜（日光温室、大中拱棚、露地设施）设施、设备给予扶持；五是推广冷凉蔬菜政策性保险，逐步将设施生产、集约化育苗和规模种植等纳入政策性保险范围；六是支持外销窗口建立、冷链体系建设、采后加工处理等。加大支持力度，建设固原市农产品质量安全检测中心，形成市、县（区）、乡镇三级培训体系。

3. 加大融资力度

一是加强招商引资。支持引进培育龙头企业参与蔬菜产业发展，构建产、加、销融合发展模式。二是增强金融扶持。采取“担保基金+银行+企业+合作社+农户”等模式，对建设蔬菜标准化生产基地的新型经营主体，按照发展需要给予一定比例的担保贷款及贷款贴息，帮助解决融资困难。三是全面推行蔬菜保险。扩大基本蔬菜价格政策性保险，对集中连片种植的番茄、辣椒、芹菜、茄子、马铃薯、韭菜、青萝卜、茭瓜、大白菜、黄瓜等大宗蔬菜品种，保费的80%由政府价格调节基金承担，20%由蔬菜生产投保人承担。

（二）建立六盘山冷凉蔬菜产业研发中心

按照《关于加快五河流域发展的若干意见》中提出“打造现代生态农业示范区，以60万亩高效节水灌溉农业基地建设为载体，突出县域特色主导产业，实行区域化布局、标准化生产，坚持稳基地规模、强科技支撑、攻提质增效，对五河流域农业集中示范区进行升级改造，到2017年实现土地产出率翻番”的要求，依托固原国家农业科技园区建设，建立六盘山冷凉蔬菜试验示范基地，各县（区）相应建立各具特色的蔬菜试验示范基地；依托固原农产品质量安全检测中心，成立品种引进培育室、技术研发推广室、质量监控室、信息采集发布室等机构，配备先进设备设施。充分发挥市、县（区）农业技术推广服务中心作用，组建形成六盘山冷凉蔬菜产业研发中心。采用引种与育种相结合，试验与示范、生产应用相结合，主导产品与市场需求相结合的原则，主抓蔬菜新品种引进培育筛选、茬口试验示范、标准化试验示范基地建设及技术培训等工作。支持院—县、院—企和校—企合作，开展设施蔬菜、贮藏保鲜、加工等相关技术研究；加快节能、高效、轻简化栽培技术研究和抗逆性强、高产优质蔬菜新品种培育；加快引进推广一批抗病、高产、优质蔬菜新品种和病虫害综合防治先进技术；加大良种繁育、示范园区建设、新技术的示范和推广力度。

1. 引进筛选和培育优质高产高效冷凉蔬菜新品种

冷凉蔬菜种苗培育研究室：引进筛选优良新品种，研发集约化育苗技术。在抓好中研番茄、德尔黄瓜、加州王、文图拉芹菜、亨椒系列辣椒、广东菜心、芥蓝、红皮蒜苗、耐寒优秀西蓝花、开拓者菜花、中甘21甘蓝等主栽品种的同时，全方位紧盯市场需求动态，引进筛选适宜当地气候、品质优、市场前景好的各类蔬菜新品种。依托宁夏农学院，原州区在彭堡镇姚磨村建立冷凉蔬菜新品种试验研发基地200亩，每年引进辣椒、番茄、黄瓜等露地冷凉蔬菜新品种300~400个，筛选出具有当地特色且适应原州区气候条件种植，满足全市乃至全国市场的蔬菜新品种，并提供2~3个品种（系、组合）参加自治区级区试。西吉县在将台火沟建立新品种引进与选育试验基地200亩，开展以芹菜为主，蒜苗、西蓝花、松花菜等多元化蔬菜为辅的蔬菜新品种引进与选育工作。每年引进芹菜新品种不少于50个，引进多元化蔬菜新品种不少于50个。隆德县在沙塘良种场建立蔬菜新品种引进筛选试验基地100亩，每年引进辣椒、娃娃菜、甘蓝、西蓝花、菜花等各类蔬菜新品种30~40个。彭阳县在新集白河建立辣椒新品种引进选育试验基地250亩，每年引进牛椒、羊椒、线椒、螺丝椒、特长椒、彩椒等系列辣椒新品种100余个进行试验，筛选适应不同市场需求的辣椒新类型、新品种。同时，加快辣椒嫁接技术研究和推广，切实提高辣椒种苗质量和抗逆能力。

2. 强化栽培技术服务

冷凉蔬菜栽培研究室：重点开展冷凉蔬菜种植茬口和种植模式试验示范研究，示范推广高效茬口模式。促使各级农技推广机构要承担起蔬菜种植茬口、种植模式的试验示范任务，确保10月至翌年6月反季节蔬菜稳定上市，满足市、县（区）城镇及乡村菜篮子需求，6—11月实现露地冷凉蔬菜陆续上市、定量供应、有序生产，在抢占南方市场的同时，找准自己的位置，优化种植结构和模式，增强竞争力。原州区重点做好日光温室冬春茬番茄、冬芹菜—早春黄瓜或番茄、秋延后黄瓜—春番茄或辣椒、番茄（辣椒）—叶菜—黄瓜、早春茬果菜套种油菜、菠菜5种种植模式试验示范研究和露地冷凉蔬菜多茬、多元化、错时错季定植、上市等研究。西吉县重点做好芹菜、蒜苗、番茄的种植茬口和种植模式试验研究。芹菜种植茬口要在目前上市季节的基础上，分析南方市场消费需求和周边基地的竞争矛盾，进一步优化调整芹菜种植茬口，采取从南到北，梯次种植、多茬生产、错峰上市，延长上市时间，避开与陕西阎良、甘肃定西、云南、内蒙古及海原、黑城等芹菜种植区同期上市，规避市场风险。在种植技术上主推覆膜压沙穴播、育苗移栽及露地直播等技术，减缓供需矛盾。蒜苗、西蓝花、松花菜等多元化蔬菜种植重点围绕芹菜轮作倒茬，在分析市场需求的基础上稳步扩大种植面积和区域。同时，在将台乡以南乡镇大力发展多元化蔬菜复种技术，建立合理的轮作机制，提高土地产出率。华林拱棚番茄在现有一大茬基础上向早春、晚秋茬方向发展，借助拱棚增温有利优势，拓展延长生产空间和时间。隆德县主要做好冬春日光温室茬口安排，在现有夏秋茬基础上，推广早春叶菜—辣椒—绿肥、早春绿肥—辣椒—冬季叶菜等种植模式。彭阳县做好拱棚辣椒种植茬口和模式研究。在现有春夏茬的基础上试验推广早春叶菜—辣椒—绿肥、早春甘蓝（萝卜）—辣椒—辣椒二次生长等种植模式。准确定位不同种类辣椒品种需求时间和空间，合理安排上市时间，提高市场占有率。

3. 制定蔬菜安全生产技术规范

冷凉蔬菜植保土肥研究室：配置必要的病虫诊断和土壤评价设施设备，围绕固原冷凉蔬菜的主要病虫集成总结和示范主要蔬菜的病虫绿色防控技术，依托市、县（区）蔬菜产业服务中心做好设施果菜和露地冷凉蔬菜种植技术标准的制定和颁布。原州区完成番茄、黄瓜、茄子等设施果菜，西蓝花、菜花、甘蓝、娃娃菜、莴笋等露地冷凉菜和菜心、芥蓝等供港菜标准化生产技术规程的制定。西吉县完成芹菜（包括覆膜压砂、育苗移栽和露地直播）标准化生产技术规程的制定。隆德县完成地膜西瓜、莴苣标准化生产技术规程的制定。彭阳县完成日光温室和拱棚辣椒标准化生产技术规程的制定。

4. 分类分区域建立冷凉蔬菜核心示范区

（1）固原国家农业科技示范园区蔬菜生产加工基地建设。建设 8 000 亩露地蔬菜、1 000 亩日光温室和 1 000 亩大棚蔬菜生产基地。一是推广病虫害绿色防控技术。大力推广性诱剂、频振式杀虫灯、黄板、生物源农药等病虫害绿色防控技术集成模式，实行农作物病虫害可持续治理，促进农产品生产安全、质量安全和农业生态安全，实现节本、提质、增收、增效。二是推广水肥一体化技术。引进配套推广使用水肥一体化设备 10 套。在全面普及滴灌技术的基础上，原州区闫堡、头营、泉港，西吉县火沟、牟荣、明荣，隆德县十八里、联合，彭阳县海之塬、白河等地方因地制宜加快推广以精准水肥一体化技术，探索推进蔬菜产业管理智能化。三是推广土壤改良技术。建立土壤改良技术示范基地1 000亩，大力推广增施有机肥和不同蔬菜轮作换茬、间作套种、绿肥复种等土壤有机质提升技术，来实现土壤耕作层水、肥、气、热、菌等因素的协调统一。四是推进农机农艺技术的融合发展。加快蔬菜田间作业机械引进，实现蔬菜精量播种、育苗机械、小型旋耕机等机械设备的广泛应用，促进农机农艺技术的深度融合。五是推广设施园艺物联网应用技术。针对日光温室、连栋温室领域的应用需求，通过部署空气温湿度传感器、土壤水分增氧控制器、物联网应用网关等技术措施，实现设施蔬菜物联网智能化管理控制（附图4-18、附图4-19）。

（2）高标准生产设施建设。各县（区）培育、引进1~2家农业产业化龙头企业参与日光温室和拱棚建设，全市建成（改造）高标准设施基地2万亩（附图4-11至附图4-14）。

（3）永久性蔬菜生产基地建设。支持六盘龙、瑞丰、小义、四季鲜、俊发、长吉等各类经营主体，选择基础条件好、设施建造标准高、生产技术先进的基地，打造10万亩高标准永久性蔬菜生产基地，达到规模化种植、标准化生产、品牌化营销、产业化经营，冷链体系、质量追溯等产销规范标准。

（4）标准化示范园区建设。鼓励宁夏华林农业综合开发公司（西吉县）、香港加记（中国）农业开发公司（原州区、隆德县）、宁夏兴彭园现代农业科技有限公司（彭阳县）、宁夏欣丰现代农业公司（原州区）、宁夏介石公司（隆德）等企业建立标准化蔬菜示范园区50个，到2020年总面积不低于10万亩。

5. 建立冷凉蔬菜科技服务体系

（1）推进产学研联合。充分利用区内外大专院校、科研单位的人才优势，在种植规模大、标准化程度高、新型经营主体参与的示范基地各聘任1名首席专家、组建3~8人的技术团队，形成全过程、全天候的技术服务网络。提升农业技术人员服务产业发展的层次，鼓励支持农业技术人员在干好本职工作的同时，采取技术承包、领办、参与等方式与创建示范基地结合，对长期深入蔬菜产业园区一线的技术人员在职称评审等方面优先照顾。冷凉蔬菜产业科技研发推广项目，争取优先纳入自治区科技研发与成果推广计划，给予项目支持。运用“产学研”市场机制，探索多种合作模式，通过签订“合作协议”等方式，实现风险共担、利益共享，建立长期合作关系，形成紧密的利益共同体。围绕产业发展需求，不断壮大蔬菜产业技术人才队伍，提高技术服务水平，增强管理服务功能（附图 4-15 至附图 4-17）。

（2）重视农民素质提升培训。依托固原市“两个带头人”工程和全市农牧系统“十百千万”农业专家、技术人员培训服务活动，分年度提出培训计划，借助新型农民培育工程、农民田间学校、职业农民培训等对蔬菜种植户、专业大户、农民合作组织开展全方位的学习培训，培养一批农民技术员和职业农民。

（3）加强检测和监管。一是健全检测监管体系。以固原市农产品质量安全检测中心为依托，重点建设县（区）蔬菜产品检测站，支持蔬菜生产基地、龙头企业、蔬菜合作组织、农产品批发市场建设农产品检测室，形成标准统一、职能明确、运行高效、上下贯通、检测参数齐全的农产品质量安全检测监管体系。二是建立全程质量追溯体系。支持建立市级蔬菜产品全程质量追溯信息处理平台，并在蔬菜产品生产企业或专业合作组织中建立完善的农产品全程质量追溯信息采集系统，逐步形成产地有准出制度、销地有准入制度、产品有标识和身份证明，信息可得、成本可算、风险可控的全程质量追溯体系。三是建立质量安全风险预警信息平台。统筹市内、市外两个市场，建立蔬菜产品质量安全风险预警体系，加强部门协作，实现质量安全信息共享，共同应对重大突发安全事件，不断提高蔬菜产品质量安全水平。

（三）组建六盘山冷凉蔬菜产业协会

以市、县（区）从事蔬菜研究、技术推广等机构和新型经营组织为主，组建六盘山冷凉蔬菜产业协会。协会下设理事会、常务理事会和办公室、学术交流部、科技普及部、产业法律法规指导部、市场信息部、专家委员会和蔬菜标准化生产培训基地等办事机构。引进新品种、新技术、新设备，打造科技示范园区，引领全市蔬菜产业发展；帮助会员开拓区内外市场，促进新技术、新成果的推广应用；组织会员单位参与社会公益活动、强化社会责任，促进社会公益发展，协调劳资矛盾，促进和谐发展。

1. 培育壮大生产基地建设主体

（1）发展现代工厂化育苗企业。在原州区闫堡、二营，西吉县明荣、张堡塬，隆德县沙塘，彭阳县仁湾、海之源改扩建年育苗能力5 000万~8 000万株的工厂化育苗中心各一个，着力提升种苗繁育能力。采用集约化穴盘基质育苗，实现统一品种、统一育苗、统一种植、统一管理的标准化生产模式。农牧部门和协会向育苗企业提供市场信息，引入育苗新机制，进行全程监督管理和跟踪服务。

（2）提升经营主体生产管理水平。围绕冷凉蔬菜四大片区生产和永久性蔬菜基地、蔬菜标准园创建活动，着力做好新型农业经营主体的引进、培育。在蔬菜设施配套、多元化种植、标准化生产、全程质量追溯体系建设等方面，创建“新型农业经营主体+园区（基地）+农户+股份合作”等模式，不断提升冷凉蔬菜生产管理水平。原州区清水河流域抢抓国家农业科技园区启动建设的机遇，助力城郊型蔬菜供应基地建设，重点抓好瑞丰蔬菜合作社、宁夏欣丰公司、六盘龙蔬菜保鲜公司、绿缘蔬菜合作社等新型农业经营主体；西吉县提升葫芦河流域百公里蔬菜产业带发展档次，重点抓好吉农蔬菜专业合作社、商源蔬菜专业合作社、浩泰蔬菜种植专业合作社、丰农蔬菜种植专业合作社、助农蔬菜种植专业合作社、小义蔬菜购销专业合作社、宁夏浩琪冷凉蔬菜产业开发有限公司、宁夏华林公司、宁夏向丰牧业开发有限公司、旺泉食品饮料公司等新型农业经营主体；隆德县推进渝河流域喜凉蔬菜精细化发展水平，重点做好隆德介石农产品有限公司、香港加记（中国）农业科技有限公司、隆德绿鲜果蔬专业合作社、四季鲜蔬菜专业合作社、沙塘新民蔬菜专业合作社、神林强农蔬菜专业合作社等新型农业经营主体；彭阳县优化红汝河流域越夏辣椒发展模式和层次，重点做好红河乡俊发辣椒农民合作社、城阳乡茹河田源果蔬专业合作社、新集乡鑫源辣椒营销合作社、红河乡正军果蔬种植合作社、红河乡田源果蔬营销合作社、长吉蔬菜合作社等新型农业经营主体，做好示范引领，发挥辐射带动作用，提升冷凉蔬菜产业整体发展水平。

2. 培植流通体系经营主体

（1）扶持龙头企业。推行气调库、预冷库、冷藏车等立体冷链设施，健全冷链体系。冷链系统要与现代物流相结合，提升冷凉蔬菜食品行业生鲜产品的竞争力。具体为：原州区引导瑞丰、欣丰、绿缘、六盘龙果蔬预冷库拓展，扩大外销能力；在别庄、闫堡、三营等蔬菜基地新建气调库，购置冷藏车，利用2~3年时间发展大中型冷藏车15辆；西吉县加强分级、包装、预冷等设施建设，提高蔬菜预冷等商品化处理能力。整合现有资源，在吉强、新营、将台、兴隆、硝河、马莲等乡镇分别建设1万t以上的冷藏保鲜库1座、储藏能力3 000t 2座、储藏能力1 000t 7座，培育具有一定规模的专业化蔬菜冷链物流服务企业5家；隆德县改造提升隆德县、联财2个农产品综合批发市场功能，新建神林、沙塘、温堡大型果蔬批发市场3个，建设田间交易市场10个，在每个批发市场建设3 000m^2标准化冷藏周转库，配套冷藏（运输）车辆2辆；彭阳县建立蔬菜配送中心，配套分级、拣选、包装、冷藏等设施设备，购置运输车辆10辆，与农产品生产基地和大型超市、零售客户建立直接购销关系，开展净菜配送。鼓励大型蔬菜流通企业，通过外销和内调，保障蔬菜销售畅通和本地平稳供应。

（2）培育流通主体。每个县（区）培植龙头企业1~2家，转变蔬菜产业发展方式，由抓“田头”向抓“龙头”转变，围绕龙头企业培育专业合作经济组织200家。每个县（区）加盟1家区内外知名农产品市场，引进京东、“农村淘宝”、供销大集等国内领先的电子商务运营企业，构建1个农产品电商平台及网络体系。发展一批农超对接的超市或直销店，推进线上线下结合、农超结合、基地和市场结合常态化。引入企业参与质量安全检测室和冷链体系建设（冷库、冷藏车）、脱水蔬菜加工、菜汁（果汁）饮料生产、速冻蔬菜、外销窗口建立、品牌打造等建设。做强西吉县旺泉食品饮料厂与合肥四友食品工贸有限公司合作机制，引导宁夏华林、香港加记、固原六盘龙等公司拓展生产链，开展精深加工，培育流通体系。采取招商引资的方式争取华润万家、味源等知名企业入驻固原，开展蔬菜营销和精深加工。到2020年全市培育从事冷凉蔬菜规模化生产、加工、销售的企业10家以上，大型流通企业4家以上。

（3）构建流通网络。建设以蔬菜批发市场为基础，以农贸市场和社区便利店建设为骨干，形成从批发市场源头到农贸市场、社区便利店、超市等终端销售网点为一体的现代化的蔬菜流通网络。重点是蔬菜批发市场、农贸市场、社区便利店、蔬菜早市的建设，以及开展农超对接、蔬菜应急储备和蔬菜流通追溯体系等多方面的建设。全市龙头企业、合作经济组织建立营销网络率达到80%以上。

（4）壮大营销组织。深化固原市六盘山农产品协会的服务功能，发挥带头作用，因地制宜组织成立蔬菜联合协会和从事蔬菜生产、经营活动的农民专业合作社联合社，吸收从事无公害、绿色和有机蔬菜生产、加工、营销的企业为会员单位；吸收有志于冷凉蔬菜资源开发、保护、利用的个人为会员；吸收农民专业合作社、协会、专业大户、销售经纪能人等参加，形成有效载体。通过基地、订单、股份合作等途径，鼓励企业、合作经济组织与农户之间建立更加稳定的产销合同和服务契约关系，实现“小生产+大市场”的有效对接。到2020年，全市培育从事冷凉蔬菜规模化、标准化生产的农民合作经济组织（联合协会、联合合作社）500家以上，销售经纪能人 1 000 人以上。

3. 培育目标市场

（1）改造提升大型批发市场功能。改造固原市农产品综合批发市场及五县（区）专业批发市场 6 个，建设田间交易市场 50 个，建设标准化冷藏库 6 000~10 000 m^2，建成综合性电子商务信息平台各 1 处、配备质量检测设备各 1 套，全面实施信息化、网络化服务。

（2）完善农产品销售市场。配建或改造一批公益性社区菜店和标准化菜市场。支持农贸市场、社区菜店，围绕交易厅（棚）、档口、给排水等基础设施，实施改造升级，健全管理措施，提升城乡农产品销售市场标准化管理水平。发展市、县蔬菜直销店 100 个，规范早市、晚市和周末农贸市场，为流动菜贩、直销菜农提供便利条件，方便居民购买。

（3）建立蔬菜直销窗口。优先搭建银川北环农产品批发市场、西安欣桥农产品批发市场、兰州七里河和南方农产品批发市场四大平台，建设固原市“六盘山”特色农产品展销馆（区、专卖店）；依托宁夏新华百货、华润万家等连锁超市，实施错季种植、全峰供应，逐步在区内各市、县（区）大型超市建立“六盘山”农产品营销专柜；在广州、深圳等城市建立供港蔬菜专供点，主通港澳地区，逐步形成供应东南亚、中东等国的蔬菜产品。

（4）开拓外销市场。通过争取举办国家级的马铃薯大会、冷凉蔬菜节、肉牛大会和农产品交易会等，引导企业、经销商逐步在北京、西安、武汉、郑州、福州、广州等大中城市建立集散分销渠道，逐步在市外形成稳定的外销网络；抢抓“一带一路”和中阿博览会的有利机遇，充分利用国家、自治区支持农业“走出去”的优惠政策，积极开拓阿拉伯和东南亚等国际高端市场，加快外向型蔬菜产品开发和销售。

（5）发展蔬菜电子商务。依托固原市“互联网+农村扶贫电子商务”项目，宣传推介“六盘山”冷凉蔬菜，培育冷凉蔬菜品牌，提高商品化率和电子商务交易比例。支持种植大户、家庭农场、农民专业合作社、农业产业化龙头企业等新型经营主体和供销合作社等。对接电商平台，推动电商平台开设农业电商专区，实现“两品一标”“名特优新”“一村一品”上网销售。鼓励固原市农产品批发市场（火车站）和五县（区）大型农产品批发和零售市场进行网上分销，构建与实体市场互为支撑的电子商务平台，探索开展网上批发交易。鼓励新型农业生产经营主体率先与城市邮政局所、快递网点和社区直接对接，开展蔬菜“基地+社区直供”电子商务业务。做强六盘山生态农产品联盟、宁夏六盘山生态土特产网，加强与淘宝、顺丰等网络的合作，率先在区级、市级龙头企业、专业合作社推行建设网点，带动蔬菜及其产品直销，带动农民增收。

4. 加强质量安全体系建设

（1）推进标准化生产。健全投入品管理、生产档案、产品检测、基地准出和质量追溯等五项制度，制定先进、实用的生产技术规程，每个县（区）先期主抓3~5个蔬菜示范园区，做到以点带面，全面提升标准化生产水平，构建农产品质量安全管理长效机制。

（2）完善检验检测体系。结合实施《全国农产品质量安全检验检测体系建设规划（2016—2020年）》，配备检测设备，保障运行经费，提升市、县农产品检测机构服务能力。加强全市62个乡镇农产品质量安全监管站和主要蔬菜销售市场检测服务体系建设，积极推行基地准出和市场准入制度，加大蔬菜生产基地、批发市场和集贸市场抽检力度。充分发挥第三方检测机构的作用，不定期抽检，杜绝不合格产品流入市场。

（3）建立健全质量和流通追溯体系。以蔬菜龙头企业和农民专业合作组织为重点，探索建立覆盖蔬菜生产和流通环节的全程质量追溯体系。以基地为单位，配套农产品质量安全监管追溯综合系统，统一信息采集指标、统一产品与产地编码规则，全程采集生产、销售、加工等环节相关信息，实现生产档案可查询、流向可追踪、产品可召回、责任可界定。对建立产品追溯体系的生产、流通企业和农民专业合作组织给予补贴。以蔬菜批发、零售、消费三个环节和“产销对接”核心企业追溯系统为支撑，以追溯商品信息链条完整性管理为重点，实现蔬菜来源、去向的可追溯性，提升蔬菜流通安全质量水平。

（4）加强“两品一标”认证。实施六盘山生态农产品品牌战略，全面推进农业标准化建设，坚持技术有规程，管理有记录，产品有编号，质量可追溯，促进特色农产品按标生产、按标上市、按标流通。扎实做好绿色食品、有机农产品及地理标志农产品认证工作，推动特色农产品“两品一标”认证全覆盖。挖掘“六盘山”生态农产品潜力，全力打造“六盘山”生态农产品品牌。力争到2020年，建立“六盘山”农产品品牌培育、发展和保护体系，形成“培育名牌、发展名牌、宣传名牌、保护名牌”的良性机制，把“六盘山”培育为西部高原冷凉蔬菜第一品牌，并发展成为中国名牌农产品。市、县（区）两级出台积极的扶持政策，加强对农产品品牌的扶持力度，鼓励农业龙头企业、专业合作社等争创名牌。对当年获中国名牌产品、中国驰名商标的，每个奖补50万元。获自治区级名牌、著名商标的，每个奖励10万元。对农产品注册商标的，每个奖补5万元，并按注册费用的50%给予奖补；鼓励开展农产品原产地保护等国家地理标记认证，带动农业品牌整合。加强培训和宣传推介，为创建品牌搭建平台，通过协会积极组织参与各种招商引资、经贸洽谈、大型展销会和文化交流活动，着力宣传推介“六盘山”农产品。

5. 加强市场营销体系建设

一是做好智能蔬菜信息综合管理平台建设。紧紧围绕蔬菜的生长环境、选种育种、生长过程以及最终到交易的整个过程进行统一的管理和服务为核心，以信息收集和信息发布手段，以服务和管理为最终体现，实现蔬菜的智能化管理。平台运行和监管由市、县（区）农牧局和蔬菜协会协调专门人员组建蔬菜信息中心，负责对全市大宗瓜菜的播种面积、产量、上市期和产地价格信息进行采集、分析、预测和发布，提供及时、准确、全面的生产和预警信息，引导农民合理安排生产，促进市场平稳运行。二是建立固原市六盘山农产品信息服务平台（网站），开展六盘山蔬菜产销信息、供求信息、价格信息、产品质量信息发布服务。协会组织企业和合作组织，积极走出去，对接大市场，通过积极参加各地的蔬菜展销活动，稳定丰富当地的菜篮子，拓展品牌市场和空间。到2020年，在全国大中城市建立固原市六盘山系列品牌农产品外销窗口20个以上。三是巩固和完善便民服务网络。设立蔬菜流通专项基金支持蔬菜批发市场、农贸市场、社区便利店、蔬菜早市、早（快）餐网点、农超对接、蔬菜应急储备等蔬菜流通体系建设。2017年年底前，全市改扩建蔬菜批发市场2个、农贸市场10个、社区便利店100家，增设蔬菜早市10个。同时，建立蔬菜应急储备机制，根据消费需求和季节变化进行蔬菜应急储备，确保耐贮存蔬菜品种5天消费量的动态库存，保障特殊情况下居民的基本生活和社会稳定。

（四）实施项目驱动

固原市属于国家“三西”贫困地区、民族地区和革命老区，是全国14个集中连片特殊困难地区之一。多年来党中央、国务院始终心系固原的发展，并给予了特别关注和大力支持。目前全市五县区62个乡镇仍有435个贫困村、26.7万人要全面实现贫困户脱贫、贫困村销号、贫困县脱帽，任务艰巨，责任重大。2016年7月18日和2月1日，习近平总书记和李克强总理亲临固原市视察工作，对固原市的脱贫攻坚、产业发展、生态建设等工作给予了充分肯定，做出了重要指示，提出了走好新的长征路，与全国同步建成小康社会的新要求。按照总书记和总理的指示，固原市集中精力抓好精准扶贫，培育富民产业，加大技能培训，提升发展水平。

2016年6月21—22日，自治区党委书记李建华同志带领自治区有关部门来固原市调研脱贫攻坚工作，要求固原市拿出项目清单，建立项目库，扎扎实实的解决几个事关固原发展的大事情。固原市委、市人民政府制定《落实自治区党委书记李建华来固调研指示精神工作方案》，固原市农牧局组织各县（区）农牧局、局属各单位积极归纳整理需要自治区支持的政策清单，谋划申报重大发展项目，从大力引进农产品精深加工龙头企业，延长产业链条，加快冷凉蔬菜产业转型升级，完善产业发展体系。

“十三五”期间，固原市将围绕“一特三高”现代农业发展，聚焦“1+4”重点产业，加快转变蔬菜产业发展方式，充分发挥固原气候海拔高、昼夜温差大、光照充足、有效积温高等优势，适度扩大种植规模，提高品质，优化品种，合理安排茬口，发展高端蔬菜，打造“六盘山”冷凉蔬菜品牌，以外销为突破口，推进全产业链发展，实现增产增收。

“十三五”期间，固原市将对标精准扶贫，争取国家、自治区重大项目和“固原市建设小康社会发展基金”项目支持，进一步推进冷凉蔬菜产业逐步实现生产技术科学化、生产工具机械化、生产组织社会化、经营管理信息化、生产经营适度规模化、生产过程及产品质量标准化、产业链条全面化，将固原打造成供应全国重点城市（供港）的高端冷凉蔬菜生产基地。

主要抓好以下五个方面项目实施。

1. 基础设施提升项目

新建全钢架日光温室0.5万亩（其中，原州区0.1万亩、彭阳县0.2万亩、西吉县0.1万亩、隆德县0.1万亩）；新建全钢架大拱棚1万亩（其中，彭阳县0.6万亩、西吉县0.4万亩）；旧棚改造5.2万亩，其中，日光温室1.2万亩（其中，原州区0.2万亩、西吉县0.05万亩、彭阳县0.95万亩），大拱棚4万亩（其中，彭阳县3.5万亩、西吉县0.5万亩）；永久性蔬菜基地提升10万亩（其中，1 000亩以上的露地蔬菜基地8万亩、200亩以上日光温室2万亩）；新建500亩以上的标准化蔬菜生产示范园区水、电、路及节水设施配套10个（其中，原州区3个，西吉县3个，隆德县1个，彭阳县3个）。项目总投资3.96亿元，其中，中央投资1.19

亿元，自治区投资0.79亿元，市级投资0.24亿元，社会投资1.74亿元。

2. 育苗中心建设项目

新建及改扩建原州区姚磨和二营，西吉县牟荣和张堡塬，隆德县沙塘，彭阳县任湾和海子塬工厂化育苗中心，配套现代化育苗设施，引进、选育优势品种，提升育苗能力和质量，使7个育苗中心生产面积达到21万 m^2。项目总投资3.15亿元，其中，中央投资0.96亿元，自治区投资0.63亿元，市级投资0.19亿元，社会投资1.39亿元。

3. 高标准日光温室建设项目

在原州区、西吉县、隆德县和彭阳县各建设一个面积250亩以上的高标准日光温室示范园区，配套水肥一体化设备，开展农机农艺融合示范，引入现代物联网管理技术，形成集高端示范、休闲观光等为一体的示范园区。项目总投资1.5亿元，其中，中央投资0.45亿元，自治区投资0.3亿元，市级投资0.09亿元，社会投资0.66亿元。

4. 冷链物流体系建设项目

引入龙头企业参与，对辣椒、芹菜、胡萝卜、番茄等大宗蔬菜开展产品研发、保鲜、冷藏、初（深）加工、包装、物流。培育龙头企业10家（原州区3家、西吉县3家、彭阳县2家、隆德县2家），专业合作组织200家（原州区70家、西吉县70家、彭阳县40家、隆德县20家），建设高标准气调库（5 000 m^2 以上）10个（原州区3个、西吉县3个、彭阳县2个、隆德县2个），购置冷藏车20辆（原州区7辆、西吉县7辆、彭阳县4辆、隆德县2辆）。项目总投资1.12亿元，其中，中央投资0.34亿元，自治区投资0.22亿元，市级投资0.07亿元，社会投资0.49亿元。

5. 争取“固原市建设小康社会发展基金”项目

项目总投资10亿元，其中，中央投资3亿元，自治区投资2亿元，市级投资0.6亿元，社会投资4.4亿元。

五个项目共投资 19.73 亿元，其中，申请中央投资 5.92 亿元（占资金总额 30%），自治区投资 3.95 亿元（占资金总额 20%），市级投资 1.18 亿元（占资金总额 6%），社会投资 8.68 亿元（占资金总额 44%）（表 2-17）。

表 2-17 固原市冷凉蔬菜产业发展重点项目

项目类别	项目名称	重点建设内容及规模	总投入（亿元）	中央投资（万元）	自治区投资（万元）	市级投资（万元）	社会投资（万元）
（一）基础设施提升	1. 日光温室建造	新建全钢架日光温室 0.5 万亩	0.4	0.12	0.08	0.024	0.176
	2. 拱棚建造	新建全钢架大拱棚 1 万亩	1	0.3	0.2	0.06	0.44
	3. 旧棚改造	旧棚改造 5.2 万亩	1.56	0.47	0.31	0.09	0.69
	4. 永久性蔬菜基地建设	永久性蔬菜基地提升 10 万亩	0.8	0.24	0.16	0.05	0.35
	5. 标准化示范基地建设	新建 500 亩以上的标准化蔬菜生产示范园区水、电、路及节水设施配套 10 个	0.2	0.06	0.04	0.01	0.09
	小计		3.96	1.19	0.79	0.24	1.74
（二）育苗中心建设	育苗中心建设	新建及改扩建 7 个育苗中心，使生产面积达到 21 万 m^2	3.15	0.95	0.63	0.19	1.39
（三）智能温室建设	智能温室建设	建设高标准日光温室示范园区 4 个 1 000 亩	1.5	0.45	0.3	0.09	0.66
（四）冷链物流体系建设	1. 龙头企业培养	培育龙头企业 10 家	0.1	0.03	0.02	0.01	0.04
	2. 合作组织培育	培育专业合作组织 200 家	0.4	0.12	0.08	0.02	0.18
	3. 高标准气调库建设	建设高标准气调库（5 000 m^2 以上）10 个	0.56	0.17	0.11	0.03	0.25
	4. 冷藏车购置	购置冷藏车 20 辆	0.06	0.02	0.01	0.00	0.03
	小计		1.12	0.34	0.22	0.07	0.49
（五）小康社会基金	固原市小康社会发展基金		10	3	2	0.6	4.4
	总计		19.73	5.92	3.95	1.18	8.68

第三章　主要蔬菜品种生产技术

第一节　芹菜标准化栽培技术

一、芹菜覆膜压沙穴播标准化栽培技术规程

（一）冬前准备

1. 选茬及品种

种植芹菜选茬要选择粮油作物为前茬，最好选择小麦、玉米、胡麻茬等，忌重茬。若选用重茬要通过秋季复种绿肥、增施有机肥来提高土壤肥力，提高芹菜抗病性。主栽品种：加州王、圣地亚哥、法国皇后、文图拉（附图5-1）。

2. 秋深耕施肥

通过秋深耕（耕深25cm以上），施腐熟农家肥8 000kg，磷酸二铵25~30kg，硫酸钾15~20kg；如果没有秋施肥的田快，就想办法进行春施，但春施农家肥必须是充分腐熟的农家肥，不充分腐熟的肥料养分不能充分利用，还会引发虫害（生蛆）。春施化肥应将肥料耧入土壤，严禁将化肥撒施土表。

3. 冬灌

冬灌是覆膜穴播压沙种植技术很关键的农艺措施。一是通过冬灌可以看出田块的高低，能有目的去平整，提高整地质量。二是冬灌可使土壤结构较为紧实、基本一致。三是经历冬春的冻融交替，可以创造一个良好的土壤结构，有利于芹菜的生长发育，是培养壮苗获得高产的基础。

（二）整地

覆膜穴播压沙芹菜对整地要求高，做到平、绵、较紧实，地不平则灌水质量低，还会造成低洼处易积水发生芹菜沤根、黄化，且缓苗慢。整地一般做成 66.7～133.4m^2 地的小畦，畦宽 5m，畦埂宽 40cm，高 30cm。按 1.6m 宽幅的地膜覆三幅，两幅之间留空隙 20cm 左右。

（三）播种

1. 种子

品种选择：文图拉、加州王、法国皇后、圣地亚哥；种子量：每穴 10～15 粒，否则会浪费种子，增加投入，每亩 300g 左右。

2. 水洗沙

亩用量 1.5m^3，不宜过多，否则会造成土壤沙化、出苗率低、投资加大。

3. 地膜

选择幅宽 1.6m（厚 0.01mm）的地膜，在地膜上每隔 15cm 打直径 2cm 的播种孔（共 11 个）。

4. 除草剂

目前主要用的除草剂有氟乐灵、二甲戊灵。33%二甲戊灵乳油 100～130mL，兑水 15～20kg，亩用量 250mL，在播种前 3～4 天表土喷施。

5. 播种

（1）播种时期。芹菜种植时期不宜过早，过早由于出苗早易受早春低温影响而引起抽薹。正常年份播种时期为 3 月下旬至 5 月上旬。

（2）播种方法。芹菜播种时将打好穴的农膜在地头铺好，三人一组，两人点种，一人用水洗沙将播种穴封好。

（四）田间管理

1. 及时灌播种水

播种结束后及时灌水，灌水时要小水灌溉，将主渠的水分给几个小畦灌，这样可以减少大水冲刷。播种水一定灌足，以淹过沙为准，有利于出苗。

2. 轻刮沙

播后10天灌出苗水，12天芹菜种子露白进行轻刮沙利于芹菜出苗，防止高温烧苗。

3. 除草间苗

芹菜2~3叶时就可以间苗除草，早间苗利于培养壮苗，也是培养优秀群体的基础，每穴留苗4~5株。

4. 定苗

在3~4叶定苗，每穴定苗2株，每亩定苗6万株。

5. 肥水管理

覆膜压沙穴播芹菜灌水应视降水情况而定，正常年份灌水7~8次。苗期灌水量不宜过多，否则易引起沤根。以见干见湿为原则，采收前3天需灌水1次，以提高芹菜品质。

芹菜按照需肥规律，应在生长前期、生长中期、生长后期追肥3次，每亩追施尿素20~25kg、硫酸钾肥3~5kg或钾宝10kg，分3次随水冲施。施肥要遵循前期少、中期充足、后期少的原则。

在随水追肥时要特别注意，有些化肥是淡红色或褐色，随水追施时会在芹菜的茎基部产生红褐色的圈，使芹菜的商品性丧失。另外，芹菜追肥还可以采用根外追肥，主要追施磷酸二氢钾、硼肥等。

（五）病虫害防治

当苗高8cm时喷施代森锰锌、百菌清、代森锌等保护性杀菌剂，12天喷防1次。

1. 根腐病防治

（1）发病原因。根腐病发生的主要原因是连年重茬，土壤温度低，营养不良，形成弱苗，抵抗力差，易受病菌侵害；施用未发酵农家肥，浇水过多，使土壤透气性差，根系窒息而发生烂根。

（2）防治方法。加强轮作，克服重茬障碍，施用腐熟农家肥、沼气肥、生物复合肥等有机肥。合理灌溉，要小水勤灌，防止大水漫灌，降低田间湿度；播种或定植前用95%噁霉灵3 000倍或用苗壮壮加3%多氧清2号600倍液，对苗床或大田土壤进行均匀喷雾，每亩大田施石灰粉75kg，进行土壤消毒，预防土传病。生长期用噁霉灵2 500倍液+农用链霉素2 000倍液+芸薹素1 500倍液“三合一”叶面喷施，并结合灌根就可以很快地解除病害的发生。间隔4~5天1次，连续3~4次（附图7-1）。

2. 软腐病防治

增施农家肥，控制灌水是防治软腐病的主要途径。药剂防治用77%可杀得500倍液；或农用硫酸链霉素4 000倍液+高锰酸钾1 000倍液+硼砂30g/喷雾器，可有效控制病害。有效防治方法：用25%阿米西达乳油8 000倍液与2.5%适乐时1 500倍液进行防治。每5~7天喷1次，连喷2~3次（附图7-2）。

3. 叶斑病、斑枯病防治

在发病初期用杀毒矾800倍液+叶绿精800倍液或世高1 000~1 500倍液+叶绿精800倍液。也可用80%戊唑醇+秀特、12.5%烯唑醇+秀特配用是防治斑枯病理想的药剂，其次是金力士、银法利、秀特等防治，10~15天喷防1次（附图7-3）。

4. 病毒病防治

防治方法主要是防蚜虫，发现病株及时拔除，并可使用20%病毒A可湿性粉剂500倍液或抗毒剂1号200~300倍液或高锰酸钾1 000倍液喷洒，也可用盐酸吗啉胍·乙酸铜防治。

5. 虫害防治

蚜虫用25%吡虫啉（允美）、25%吡虫啉乳油最好，防治效果分别为96.2%、95.3%，其次是25%啶虫脒、2.5%高效氯氟氰菊酯、70%吡虫啉可湿性粉剂，生产中应根据天气情况、蚜虫发生的迟早进行防治，可有效控制蚜虫的发生为害，减轻病毒病的为害。在施药喷雾时要注意喷到芹菜心叶部位，药剂交叉使用。10~15天喷防1次。

（六）采收

当植株长到 55cm 左右即可收获，收获过晚，叶柄变空，失去价值。采收过程中所用工具要清洁、卫生、无污染。

用小铲在芹菜基部铲下，打掉老叶、边叶，植株完整良好、新鲜、茎叶黄绿色，有光泽，叶面洁净。

包装芹菜大小菜分开扎捆，规格大小均匀，无机械伤，无病虫害，无裂茎和空秆。用宽 2cm 的塑料带捆扎成 5kg 的小捆。装运时，应将产品轻拿轻放，严防机械损伤。

（七）残膜、沙子回收及处理

芹菜采收后及时将残膜连同沙子卷起，运出田外做无害化处理，能复种绿肥的地区即可复种绿肥，培肥土壤。

二、露地芹菜育苗移栽技术规程

（一）品种选择

品种宜选择耐热、抗病的优良品种，如加州王、文图拉、法国皇后等品种。

（二）育苗

选用穴盘育苗培育的芹菜壮苗（参照芹菜穴盘育苗技术）。

（三）定植

1. 整地、施基肥

选择排灌良好的地块，进行深翻晒垡，整地前亩施腐熟有机肥 5 000kg 以上，磷酸二铵 20～25kg 或尿素 10～20kg+普通过磷酸钙 50kg，深施翻入土层。

2. 作畦

作畦要根据田块的平整度决定畦大小，田块平整畦可做大些，田块不太平整畦可做小些，一般做成 66. 7～133. 4m^2 地的小畦，畦宽 5m，畦埂宽 40cm，高 30cm。

3. 定植时期

5 月均可定植，根据上市时间来确定移栽的时期。

4. 定植

定植前1~2天浇透起苗水，定植株行距应根据市场需求而定。一般需求大棵芹菜株行距40cm×33cm，亩栽苗5 000株；中芹菜株行距15cm×18cm，亩栽苗2.5万株左右；育苗移栽一般不推荐生产小棵芹菜。栽植深度以深不埋心、浅不露根的原则，定植时要将苗子周围的土压实，防止浇水后露出苗根，定植后及时浇透定苗水，缓苗期大约在15天。

（四）田间管理

1. 中耕除草

芹菜前期生长较慢，常有杂草为害，故在植株未封行前，结合每次除草进行浅中耕，注意不要伤根，拔除杂草，清除植株上的黄叶、老叶、病叶。

2. 肥水管理

定植后要浇透水，若气温比较高时，则应及时浇小水，保持土壤湿润，以利根系恢复生长，缓苗后应控制水量进行蹲苗。当植株旺盛生长时，则水分供应要充足，保持土壤湿润，以满足生长需要，以防芹菜空心。缓苗后追施1次清粪水，在蹲苗结束后施1次肥，每亩施尿素15kg左右，当苗高在10cm左右时，每亩施尿素20kg，当苗高35cm左右时，每亩施尿素15kg。追肥时需结合灌水。

3. 病虫害防治

防治方法（详见芹菜绿色防控技术）。

（五）采收

芹菜具体的采收标准依市场需求而定，当株高达到55~60cm时进行采收上市。

三、拱棚芹菜栽培技术规程

适合于春提前秋延后栽培。

（一）品种选择

拱棚芹菜主要选择耐低温、高产、不易抽薹的品种，如加州王、文图拉、圣地亚哥、法国皇后。

（二）整地施肥

定植前结合深翻亩施入农家肥 5 000kg 或用生物有机无机复合肥每亩 500kg 加三元复合肥 50kg，磷酸二铵 25kg 及 1～1.5kg 硼砂混匀撒施，将肥土充分掺匀后耙平作畦。

（三）作畦

生产大中棵产品，做成垄高 10cm，宽 100cm，沟宽 20cm。生产小株产品，可做成宽 2 000cm 左右的平畦。

（四）定植时间

春提前拱棚芹菜 3 月下旬定植（需提前 15～20 天扣棚暖地），秋延后芹菜 8 月中旬定植。

（五）定植密度与方法

生产大中棵产品，行株距 30cm×（18～30）cm，每亩栽苗 7 000～10 000 株，可生产 0.5～1kg 中大棵芹菜。若要生产中小株产品，行株距 20cm×（10～15）cm，每亩栽苗 2.5 万～4 万株。定植时先用开沟器按株行距开沟，再将芹菜苗栽植后覆土，栽植深度以深不埋心、浅不露根为原则。

（六）肥水管理

1. 浇水

栽苗后小水勤浇、保持畦面湿润。缓苗后松土蹲苗 5～7 天，以利发根壮苗。生长前期间隔 7～10 天浇水 1 次。

2. 追肥

浇水时每亩追施复混肥 5kg+尿素 5kg，15～20 天追肥 1 次。生长后期 10～15 天浇水、追肥 1 次，每次每亩施嘉吉复混肥 5kg+5kg 尿素+钾宝 5kg（定植后 35～65 天内一般追 3 次肥）。

3. 激素处理

大棚生产进入高温期时，可在收获前 20 天左右，用 50mg/kg

赤霉素喷雾 2 次，促进芹菜生长，防止植株老化，改善产品品质。

（七）病虫防治

详见芹菜绿色防控技术。

四、日光温室冬茬芹菜栽培技术规程

日光温室生产芹菜重点是为冬季、早春市场供应为目标，从单株培育上是以中大棵芹菜进行栽培的。

（一）适期播种

1. 品种选择

目前生产上应用较广泛的品种有：加州王、文图拉、圣地亚哥、法国皇后等。日光温室秋冬茬芹菜栽培，一般应在 8 月上旬育苗，苗龄 50~60 天。

2. 浸种催芽

芹菜要采取低温催芽，将种子在凉水中浸泡 24~30h，然后用湿纱布包裹，吊于井内水面上，有条件的可放入冰箱冷藏室内，低温处理 3~5 天，每天用清水冲洗 1 次，然后将种子和 5 倍于种子的细沙混合均匀，保持沙子湿润，继续吊在井内、地窖或阴凉处催芽 5~7 天，每天翻动沙子 1~2 次，保持湿润，种子有 60%出芽时，即可播种。

3. 苗床准备及播种

苗床应选光照良好，排灌方便的地块，按温室栽培面积的 1/10 作畦，施入足量腐熟农家肥，按 $10kg/m^2$ 左右施入，整平后浇足底水，将种子均匀地撒于畦面，覆细土 0.5~1cm，出苗前苗床要保持湿润，可以用草苫或遮阳网遮阴。

（二）培育壮苗

当幼苗长至 5~6cm、有 3~5 片叶时进行分苗，分苗时大小株要分开，可按 3cm×8cm 的株行距分栽，苗期要注意及时灌水，小浇勤浇，以保持床面湿润，并及时拔除杂草。穴盘育苗：每穴播种 10 粒左右种子，待到苗龄 3 叶 1 心分苗，1 穴 1 株，20~30 天出盘。

（三）定植

1. 整地施肥

定植前每亩应施入腐熟有机肥 5 000kg 以上，并随肥撒入过磷酸钙 50kg，氯化钾 30kg，硼砂 5kg，混匀撒施深翻，

2. 作畦

一般采用 2m 宽的平畦，南北走向。

3. 定植时间

12 月上旬定植，定植时大小苗要分开，单株带土定植。

4. 定植密度

株行距以 18cm×20cm 为宜，以生产中棵芹菜为主，然后浇 1 次大水缓苗。

（四）定植后管理

1. 中耕保墒

蹲苗 10~15 天，蹲苗期过后，每亩追施农家肥 500kg 或尿素 15kg，以后每隔 25~30 天追施 1 次，也可用 0.3%的磷酸二氢钾叶面喷施 1~2 次，当夜温下降至 5℃以下时，开始盖草苫，白天温度宜在 15~25℃，当温度超过 27℃时，应及时放风降温。当外界出现霜冻后，要注意防寒保温，草苫要晚揭早盖，为了使芹菜的品质达到最优化，可适度降低温室温度，减缓其生长速度。

2. 病虫害防治

详见芹菜绿色防控技术。

（五）适期采收

单株株高达 60~70cm 即可采收，一般在元旦至春节上市，实现节日市场芹菜供给。

五、芹菜复种绿肥技术规程

绿肥（选择豌豆）的幼嫩茎叶含有丰富养分，在土壤中腐解，能够增加土壤中氮、磷、钾、钙、镁和各种微量元素。2012 年在

西吉县兴隆镇试验复种绿肥，豌豆亩产鲜草 1 160kg，按每千克绿肥鲜草可提供氮素 6.3kg、磷素 1.3kg、钾素 5kg 计算，能提供氮 7.3kg、磷 1.5kg、钾 5.8kg，相当于 15.8kg 尿素、12.5kg 过磷酸钙和 11.6kg 硫酸钾。绿肥作物的根系发达，如果地上部分产鲜草 1 000kg，则地下根系就有 150kg，能大量地增加土壤有机质，改善土壤结构，提高土壤肥力。

（一）播前准备

前茬覆膜芹菜采收结束后，及时处理田园，将地膜连沙子卷起，运出田外做无害化处理。

1. 品种

复种绿肥豌豆一般选用种粒较小的绿豌豆做为复种豌豆品种，种子小，可适当减少绿肥种植成本且产草量不变。

2. 播量

一般绿肥豌豆亩播量 10kg，保苗 3 万株左右为宜。

3. 播种期

覆膜芹菜采收田园处理后即可播种，从兴隆至县城播种为 7 月下旬至 8 月底，最迟不得超过 8 月底，否则，豌豆生长达不到绿肥翻压标准（株高 30cm 以上）。

（二）播种方式

复种绿肥豌豆播种采用浅耕撒播或旋耕耧播方式播种，西吉复种绿肥季节正处于多雨季节，播种深度 2cm 左右即可。

（三）田间管理

绿肥豌豆田间管理一般不追肥、不灌水，任其自然生长。

（四）翻压

10 月中下旬结合深耕基施肥，将豌豆整株翻压土壤中，如果豌豆生长超过 40cm，翻压困难时要先用镰刀割倒（随即撒在地里，不做其他用途），再进行深耕翻压。

六、芹菜穴盘育苗技术规程

(一) 准备苗床

在温室内沿南北走向作畦。畦宽2m，畦长5.5m（以利后期除草)。将畦内土壤打碎，使用以木板（20cm×40cm）制作的木耙刮平，在其上用过筛细沙土覆5cm厚细沙同时再次刮平，然后灌水(灌水时用编织代将水管裹住，以防水将畦面冲坏)，待水渗下后再次用细沙将低洼处或裂缝处整平。

(二) 播种期

根据定植时期决定播种时间。冬季及早春育苗苗龄90天左右，夏、秋育苗苗龄60~70天。

(三) 播种量

亩用种量100g左右。

(四) 播前种子处理

浸种，用15~20℃清水浸泡12~24h，揉搓2~3次；催芽，用湿净布包好，在15~20℃下催芽7~8天（也可不催芽)。

(五) 播种技术

将浸过的种子与炉灰拌匀播种，具体方法如下：将炉灰用窗纱过滤后，称3kg炉灰分成3份即每份1kg，用大盆将1kg炉灰与7g芹菜种子搅匀，再将拌有炉灰的3份种子混合充分拌匀，分成3份准备播种。按6~7cm的行距条播，每份种子正好播1个苗畦（$11m^2$)。用细沙覆盖种子，厚度0.2~0.5cm。

(六) 播种后的管理

1. 温度管理

白天15~20℃，不超过22℃，夜间不低于8℃。

2. 水分管理

水分管理应细化。即出苗前如果覆土过干，可用喷雾器喷水，防止水不慎将种子冲出。出苗后浇水可改用细喷头（雾化）喷水。以上浇水注意将苗床浇湿即可，芹菜苗期不喜大水

（土壤不要过黏）。

3．光照管理

夏季育苗出苗前和出苗后 30 天都应适当进行遮阴（遮阳网、旧报纸），避免强光照对幼苗的伤害，同时，防止土壤干裂伤根系。

（七）穴盘育苗

当幼苗 2～3 片真叶以后可将其分到 128 孔穴盘内继续生长，也可将种子直接播入穴盘，每穴可播 15～20 粒种子，长至 25～30 天时进行分苗。

（八）病虫害防治

苗期主要防猝倒病、潜叶蝇。结合防病虫，苗期补肥可叶面喷施 1 500 倍叶绿精，15 天左右喷施 1 次。

七、芹菜病虫害绿色防控技术

（一）健身栽培技术

1．轮作换茬

合理轮作，安排好茬口，是合理利用土地、提高土壤肥力、减少病虫害，取得高产、优质、高效的重要措施。针对上年发病严重的重茬地块，建议改种胡萝卜或甘蓝，实行 2～4 年的轮作换茬，可达到调节和改善土壤理化性状，协调利用土壤水分和养分，有效减少和减轻病虫为害的作用。

2．清洁田园

生产过程中要及时清除病株、残叶，防止病虫蔓延；采收后要及时清理菜园，拣除废弃的地膜；铲除田间、地边杂草，减少病虫越冬、越夏场所。清除的病株及病残体、菜叶、杂草必须集中处理。

3．黑膜除草

黑色地膜透光率只有 1%～3%，热辐射只有 30%～40%。由于它几乎不透光，杂草不能发芽和进行光合作用，因而除草效果显著。

4. 平衡施肥

在施底肥上要注重施生物菌肥或多施有机肥，少施未腐熟肥；注重施微量元素，增加硼、锌等一类微量元素。追肥时注意增施生物菌肥和磷钾肥，防止单一施用氮肥，可增强其抗病力，增加产量，提高品质，减少施药次数和施药量。

5. 合理排灌

少量多次灌水，不能长时间积水，降水较多时，应及时排水。

6. 合理密植

合理密植，改善作物通风透光条件，降低地面湿度。

(二) 土壤消毒技术

1. 深耕翻犁

芹菜收获后，秋季深翻 20~35cm，可将土表病残体、落叶埋至土壤深层腐烂，并将地下虫、病原菌翻到地表，通过机械杀伤、暴晒、天敌啄食或严寒冻死，可消灭 50%~70%的地下害虫，从而降低病虫基数。

2. 农机深松整地

农机深松整地作业是指通过拖拉机牵引深松机具，在不翻土的情况下，疏松土壤，打破犁底层，改善耕层结构，增强土壤蓄水保墒和抗旱排涝能力，改善农作物根系生长条件从而达到增产增收的一项农机化技术。

3. 药剂消毒

药剂消毒是利用各种化学药剂或生物药剂通过喷淋、浇灌、拌土、熏蒸法等手段对土壤进行消毒。

(1) 喷淋或浇灌法。将药剂用清水稀释成一定浓度，用喷雾器喷淋于土壤表层，或间苗前后直接灌到土壤中，使药液渗入土壤深层。它一方面能直接杀死土中病虫，另一方面是药剂通过根向植株其他部位传导来全株防治。喷淋施药对土壤消毒适宜于大田、育苗营养土、温室栽培等，利用的药物主要有甲醛、代森胺、氯化苦、溴甲烷、田除、线净、菌线威、波尔多液、辛硫磷、0.5%苦参碱水剂、2.5%溴氰菊酯乳油、5%氟啶脲乳油等杀虫剂和杀菌剂。

（2）毒土法。毒土法是将药剂配成毒土，然后施用。毒土的配制方法是将农药（乳油、可湿性粉剂）与具有一定湿度的细土按比例混匀制成。毒土的施用方法有沟施、穴施和撒施。毒土法可以起到土壤消毒的作用，也可以起到杀虫、灭草的作用，药剂的选择需因地制宜、因作物而异。常用药剂有3%辛硫磷颗粒剂、1%联苯·噻虫胺颗粒剂、枯草芽孢杆菌等。

（3）熏蒸法。利用土壤注射器或土壤消毒机将熏蒸剂注入土壤中，于土壤表面盖上薄膜等覆盖物，在密闭或半密闭的设施中使熏蒸剂的有毒气体在土壤中扩散，杀死病菌。土壤熏蒸后，待药剂充分散发后才能播种，否则，容易产生药害。常用的土壤熏蒸消毒剂有溴甲烷、甲醛、氯化苦等。此方法可在大棚芹菜种植上应用。

（三）植物诱导免疫技术

植物免疫诱抗剂是一类新型生物农药，能激活植物免疫系统，使植物产生诱导抗性，具有对人畜无害、不污染环境的特点，符合我国农业可持续发展和环境保护的要求。主要药剂有氨基寡糖素、超敏蛋白、赤·吲乙·芸薹、几丁聚糖等免疫诱抗剂。在使用时注意事项：避免与碱性农药混用；喷雾6h内遇雨需补喷，用时勿任意改变稀释倍数，若有沉淀，使用前摇匀即可，不影响使用效果；为防止和延缓抗药性，应与其他有关防病药剂交替使用；不能在太阳下暴晒，于10时前，16时后叶面喷施；宜从苗期开始使用，防病效果更好；一般作物安全间隔期为3~7天，每季作物最多使用3次。

（四）杀虫灯使用技术

杀虫灯是利用害虫的趋光、趋波等特性配以高压电网触杀害虫的一项物理防治技术。对杀灭成虫、降低田间落卵量，压低虫口基数，减少农药使用量和使用次数能起到良好的作用。杀虫灯诱杀的害虫有鳞翅目、鞘翅目、直翅目、同翅目等蔬菜害虫 20 余种。主要诱杀的有小菜蛾、甜菜夜蛾、斜纹夜蛾、棉铃虫、小地老虎等害虫。

（1）杀虫灯应用和开灯时间，一般 4 月中旬装灯，10 月撤灯。每日 21 时开灯，次日凌晨 4 时闭灯。5—7 月以诱杀小菜蛾和小地老虎为主，8—10 月以诱杀甜菜夜蛾、斜纹夜蛾、小菜蛾、棉铃虫等为主。特殊情况下，开灯时间可作适当调整。

（2）不同地区的挂灯密度和不同栽培模式下的挂灯高度。

①杀虫灯使用应集中连片。在光源足的地方挂灯密度即单灯控害面积为 $1hm^2$ 左右，光源少的基地单灯控害面积为 $2.3 \sim 2.7hm^2$。

②杀虫灯吊挂在固定物体上，高于蔬菜 1.3~1.5m 为宜。

（3）杀虫灯的高压触杀网每天清刷 1 次，刷网时用网刷顺着高压网线轻轻刷，把网上的虫子残体及其他杂物清除干净。清刷高压触杀网时须切断电源。

（4）杀虫灯接虫袋必须 3 天清洗 1 次，如果在夏季高温季节，最好是每天清洗 1 次，以利于诱杀害虫。接虫袋可以为底部开口，有利于每天清除害虫。

（5）杀虫灯与防虫网、性诱剂配合使用，在防虫网内挂杀虫灯可以减少因进出防虫网而引起的虫害，有条件的连栋大棚内，每棚挂 1 个，杀虫效果更为明显。杀虫灯与性诱剂配合诱虫，效果更好。试验证明，杀虫灯与甜菜夜蛾性诱剂配合使用，诱杀甜菜夜蛾数量比单用杀虫灯诱杀数量增加 8 倍。杀虫灯与斜纹夜蛾性诱剂配合使用，诱杀斜纹夜蛾数量比单用杀虫灯增加 8~9 倍。

（6）在大风来临之际，绑牢杀虫灯，在每年使用结束后，及时把杀虫灯收起来，擦干后装入纸盒，放在通风、干燥的仓库。翌年挂灯前进行检查，发现灯管、高压触杀网等有损坏的及时调换，以保证挂出的灯能正常工作。

（五）色板诱杀技术

利用黄板和蓝板等色板防治蚜虫、粉虱、蓟马等害虫。黄色粘板主要诱杀有翅蚜、烟粉虱等害虫，蓝色粘板主要诱杀蓟马等害虫，在设施中与防虫网结合使用效果更好。但一定要在虫害发生早期，虫量发生少时使用，一般每亩平均放置 20～30 片（每片面积 25cm×40cm）。

（六）防虫网阻隔技术

防虫网是以人工构建的屏障，在露地和保护地风口、门口设置防虫网，阻隔鳞翅目害虫、粉虱、蚜虫等害虫，将害虫拒之网外，达到防治虫害的效果。防虫网覆盖首先要选择合适目数的防虫网，例如防治烟粉虱应选择 60 目的防虫网。夏秋季节覆盖防虫网栽培蔬菜，可减少农药的使用次数和使用量。防虫网覆盖可防止烟粉虱、菜青虫、小菜蛾、甜菜夜蛾、斜纹夜蛾等害虫的为害。防虫网覆盖之前，必须清洁田园，清除前茬作物的残枝败叶，清除田间杂草等。然后对土壤进行药剂处理，可用辛硫磷等药剂喷施，消除残留在土壤中的虫、卵。防虫网覆盖时网的四周应盖严、盖牢，防止害虫潜入网内或被风吹开或刮掉。

（七）生物防治技术

利用天敌昆虫、昆虫致病菌、农用抗生素及其他生防制剂等控制病虫害，可以直接取代部分化学农药的应用，减少化学农药的用量。生物防治不污染蔬菜和环境，有利于保持生态平衡和绿色食品业的发展。

1. 天敌的保护与利用技术

主要是田间保护利用瓢虫、食蚜蝇等自然天敌，防治蚜虫、粉虱等。

2. 农用抗生素及其他生防制剂治病虫

农用抗生素简称农抗，是指由微生物发酵产生、具有农药功能、用于农业上防治病虫草鼠等有害生物的次生代谢产物，易被土壤微生物分解而不污染环境，其对人畜安全。放线菌、真菌、细菌等微生物均能产生农用抗生素，其中放线菌产生的农用抗生素最多。目前广泛应用的许多重要农用抗生素都是从链霉菌属中分离得到的放线菌所产生的。其中较为突出的有杀虫剂土霉素；杀菌剂井冈霉素、春雷霉素；除草剂双丙氨膦；植物生长调节剂赤霉素等。

(八) 科学用药技术

在积极应用各种农业和物理方法防治蔬菜病虫害的同时，根据病虫害发生与为害特点，科学应用化学防治。在使用农药时首先根据区、市、县植保部门发布的预警信息，做到适时防治，对症下药；其次要选择安全、高效、低毒、低残留的环保型农药，适期、适量、对症用药，交替用药，混合用药，延缓病虫抗药性，注意农药使用的浓度和方法；第三要严格执行农药安全间隔期；第四采用新型施药器械，提高药液雾化效果，以减少农药用量，提高农药的有效性。

1. 病害

(1) 芹菜斑枯病。

①为害症状：主要为害叶片，也为害叶柄、茎和种子。分为大斑型和小斑型。华南地区只发生大斑型，当地以小斑型为主。病斑上有黑色小点是该病识别的重要特征（附图7-3）。

大斑型。大斑型由芹菜小壳针孢菌侵染引起，一般先发生在老叶上，再向新叶上扩展。叶上病斑圆形，初为淡黄色油浸状斑，后变为淡褐色或褐色，边缘明显，病斑上散生少数小黑点（分生孢子器）；为害严重时，全株叶片变为褐色干枯状。茎及叶柄受害，病斑均呈长圆形，稍凹陷，中央密生黑色小粒点。

小斑型。小斑型由芹菜大壳针孢菌侵染引起。后期病斑中央黄白色或灰白色，边缘聚生有很多黑色小粒点，病斑边缘黄色，大小不等。叶柄或茎部上的病斑为褐色，长圆形稍凹陷，中部散生黑色小点。

②病原物：大斑型斑枯病菌为真菌半知菌亚门芹菜小壳针孢 *Septoria apii* Chest，小斑型斑枯病为真菌半知菌亚门芹菜大壳针孢 *Septoria apiigraveolengin* Dorogin。分生孢子器埋生，大小（87～155.4）μm×（25～56）μm。器孢子长线形，无色，具隔膜0～7

个，大小（35~55）μm×（2~3）μm。特性：分生孢子萌发温度范围 9~28℃，该菌在低温下生长较好，发育适温 20~27℃，高于 27℃生长发育趋缓。菌丝体和分生孢子致死温度为 48~49℃，经 30min。

③侵染循环：病原以菌丝体潜伏在种皮内越冬，也可在病残体上越冬。潜伏在种皮内的菌丝可存活 1 年以上。在适宜的温、湿度条件，产出分生孢子借风雨、牲畜及农具传播；带菌种子可作远距离传播。

④发生因素：

环境：在适宜温湿度下，潜育期约为 8 天；在 20~25℃温度和多雨的情况下，病害发生严重，并能迅速蔓延和流行；白天干燥，夜间有雾，或温度过高过低时，发病重。

栽培：重茬地，低洼地发病重；浇水多，排水不良，田间积水，种植过密，土地贫瘠，生长势差，发病重。

⑤防治方法：

农业防治：选用抗病品种。实行 2~3 年轮作。发病初期应摘除病叶和底部老叶，收获后清除病残体，并进行深翻。棚室栽培要注意降温排湿，白天控温 15~20℃，高于 20℃要及时放风，夜间控制在 10~15℃，缩小日夜温差，减少结露，切忌大水漫灌，雨后应注意排水。

物理防治：种子处理。可采用 48~50℃温水浸种 30min，再在冷水中浸 20min，晾干后播种。

药剂防治：芹菜斑枯病能通过溅水、雨水、浇水、农事操作等途径传播，无病时早喷药预防，在出苗后和移栽前喷施 0.5∶1∶200 波尔多液防护；苗高 3~4cm，每平方米用 0.5%氨基寡糖素水剂 190~250mL 或 2%氨基寡糖素水剂 50~80mL 或 0.136%碧护赤吲乙芸薹可湿性粉剂 0.005g/亩兑水常规喷雾防护；田间发现病株及时清除病株残体，减少菌源的扩散和蔓延，并立即喷药防治。发病初期用 2%春雷霉素液剂 100~120mL 兑水 60kg 或 1.5%多抗霉素可湿性粉剂 300 倍液或 1%申嗪霉素 1 000mL，兑水 45kg 喷防。中后期用 50%苯醚甲环唑 2 000 倍液、25%丙环唑 500～1 000 倍液、18.7%杨彩、25%秀特、金力士 1 000～1 500 倍液，任选一种，每 7～10 天喷防 1 次。防治药剂应交替轮换使用。大棚内可用 45%百菌清烟剂，每次 200～250g/亩熏棚，隔 7～10 天 1 次，连续 2～3 次。

（2）芹菜根腐病。

①为害症状：根腐病主要是为害幼苗根部和茎基部，成株期也能发病。发病初期，仅个别支根和须根感病，被侵害部位开始产生水浸状红褐色斑，几天后变为暗褐色或黑褐色，稍凹陷，并逐渐向主根扩展，主根感病后，早期植株不表现症状，后随着根部腐烂程度的加剧，吸收水分和养分的功能逐渐减弱。地上部分因养分供不应求，在中午前后光照强、蒸发量大时，植株上部叶片才出现萎蔫，但夜间又能恢复。病情严重时，萎蔫状况夜间也不能再恢复。此时，根皮变褐并分离，最后全株死亡（附图 7-1）。

②病原物：病原芹菜根腐病病原菌为腐皮镰孢菌属半知菌类真菌。菌丝具隔膜。分生孢子分大小两型：大型分生孢子无色，纺锤形，菌丝具横隔膜；小型椭圆形，有时具一个隔膜，分生孢子无色，厚垣孢子单生或串生，着生于菌丝顶端或节间。生育适温 29～32℃，最高 35℃，最低 13℃。

③发病条件：病菌腐生性很强，可在土中存活 10 年或者更长时间，借助农具、雨水和灌溉水传播。病菌从根部或茎基部伤口侵入，高温高湿利于发病，最适发病温度 24℃左右。要求相对湿度 80%以上，特别是在土壤含水量高时有利于病菌传播和侵入。如果地下害虫多，根系虫伤多，也有利于病菌侵入，发病重。

④防治方法：

深翻改良土壤：芹菜收获后，秋季深翻 20～35cm，加深耕层，增加土壤的透气性，并将病原菌翻到地表，通过暴晒或严寒冻死，从而降低病源基数。或者在生长期对板结、通透性差的土壤，可冲施用免深耕类的土壤调节剂，加深耕层，增加土壤的透气性。

科学轮作：有条件最好能与豆科、葫芦科等非伞形科作物轮作2年以上。

科学施肥：施足底肥，于第二茬作物种植前一次性施足腐熟有机肥；增施生物有机肥和磷钾肥，避免因氮肥过量而导致植株细胞壁变薄，抗病性下降。注重施微量元素，增加硼、锌等一类微量元素。追肥时注意增施生物菌肥和磷钾肥，防止单一施用氮肥。

及时浇缓苗水：大田移载田，植株定植后，要及时浇1次掺有药剂的缓苗水，之后视情况对植株每隔一段时间灌根1次，目的是杀死土壤中的有害病菌和可致根系损伤的害虫。

合理中耕：根腐病致病病菌主要通过植株的根部和茎基部伤口进行侵染，所以在中耕和生产中应尽量避免损伤植株根系及茎基部。

合理灌溉，降低土壤湿度：芹菜根腐病致病病菌腐生性极强，可在土壤中存活长达10年之久，平时主要借助农具、雨水和灌溉水通过植株伤口侵染传播，高温高湿环境更利于该病的发生。所以芹菜根腐病高发地块土壤要见干见湿，要求土壤湿度保持在60%~80%为宜，土壤缺水时要少量多次灌水，不能渍水，降水较多时，应及时排水。

药剂防治：用99%噁霉灵5g+72%农用链霉素15g或50%咪唑·喹啉酮可湿性粉剂20g+硼、钙等微量元素喷防；也可用50%氯溴异氰尿酸水溶性粉剂1 200~1 500倍液+硼、钙等微量元素喷防。对死苗田块，可用木霉菌2亿活孢子/g可湿性粉剂1 500倍液或50%多菌灵可湿性粉剂500倍液或70%敌克松可湿性粉剂800~1 000倍液灌根，每10天灌1次，连灌2次或亩用多菌灵2kg或噁霉灵50g等药剂，再加一定量的中生菌素配合冲施防治。因降水或灌水多的田块不宜冲灌防治。

（3）芹菜软腐病。

①为害症状：主要发生在叶柄基部或茎上，一般先从柔嫩多汁

的叶柄组织开始发病，发病初期叶柄基部出现水渍状纺锤形或不规则形凹陷病斑，以后病斑呈黄褐色或黑褐色腐烂并发臭，干燥后呈黑褐色，最后只剩维管束，严重时生长点烂掉，甚至全株枯死。苗期主要表现是心叶腐烂坏死，呈“烧心”状（附图 7-2）。

②病原物：

形态：由细菌胡萝卜软腐欧氏杆菌感染所导致，病菌短杆状，大小（0.5~1.0）μm×（2.2~3.0）μm，周生鞭毛 2~8 根，无荚膜。革兰氏染色阴性。

特性：本菌生长发育最适温度 25~30℃，最高 40℃，最低 2℃，致死温度 50℃经 10min，在 pH 值 5.3~9.2 均可生长，其中 pH 值 7.2 最适，不耐光或干燥，在日光下暴晒 2h，大部分死亡，在脱离寄主的土中只能存活 15 天左右，通过猪的消化道后则完全死亡。

③侵染循环：病原细菌在土壤中越冬。从芹菜伤口侵入，借雨水或灌溉水传播蔓延。该病在生长后期湿度大的条件下发病重。

④发生因素：种植密度和土壤湿度过大，连作或与十字花科、茄科等蔬菜类轮作，机械损伤或昆虫为害，芹菜容易发病。

⑤防治方法：

农业防治：一是实行 2 年以上轮作，轮作作物以大麦、小麦、豆类和蒜类为宜，忌与十字花科、茄科及瓜类等蔬菜轮作。二是合理密植，起宽垄种植，以便于浇水和排水；发病期应减少浇水或暂停浇水。三是播种或定植前提早耕翻整地，改进土壤性状，提高肥力、地温，促进病残体腐解，减少病菌来源；定植、松土或锄草时避免伤根，防止病菌由伤口侵入。

药剂防治：一是用菜丰宁 B 0.77kg/亩拌种，先将种子用水浸湿，均匀拌在种子上即可。二是发现病株及时挖除，并撒入石灰消毒。三是在发病前或发病初喷药防治，可用 72%农用硫酸链霉素可湿性粉剂 3 000~4 000倍液或新植霉素 3 000~4 000 倍液或 14%络氨铜水剂 350 倍液或敌克松 500~1 000 倍液或 50%代森锌 600~

800 倍液或 50%琥胶肥酸铜可湿性粉剂 500~600 倍液或 95%醋酸铜 500 倍液，每隔 7~10 天喷 1 次，连续 2~3 次。注意喷药时应以轻病株及其周围植株为重点，喷在接近地表的叶柄及茎基部上。

（4）芹菜病毒病。

①为害症状：芹菜从苗期至成株期均可发病。苗期发病出现黄色花叶或系统花叶，发病早的所生嫩叶上出现斑驳或呈花叶状，病叶小，有的扭曲或叶片变窄；叶柄纤细，植株矮化。成株期发病，病后表现的症状有叶片变色黄化，畸变，植株矮化等。发病通常叶片症状与植株矮化复合出现，以叶畸变引起的植株矮化最为严重。

②病原物：此病由黄瓜花叶病毒（Cucumber mosaic virus，简称 CMV）、芹菜花叶病毒（Celery mosaic virus，简称 CeMV）、马铃薯 Y 病毒（PVY）和芜菁花叶病毒（TuMV）等病毒粒子单独或复合侵染引起。病毒借昆虫或汁液在田间传播。CMV 附着在多年生宿根杂草上越冬。CMV 、CeMV 、PVY 主要通过蚜虫及汁液接触传播至寄主植物上，还可通过田间农事操作从寄主伤口侵入进行传播。TuMV 主要靠汁液传染，也可由桃蚜及甘蓝蚜作非持久性传毒。

③侵染循环：病原田间主要通过蚜虫传播，也可通过人工操作接触摩擦传毒。

④发生因素：

环境：发生为害与季节和气温的变化关系十分密切。夏天高温（16~28℃），干旱（相对湿度在 80%以下）发病率局部地区高达 100%。冬季 5~15℃除育苗地发病较高外，平均发病率低。

栽培：栽培管理条件差，干旱，蚜虫数量多，发病重。

⑤防治方法：

农业防治：一是加强水肥管理，提高植株抗病力，以减轻为害。二是适度密植，保持田间通风透光，及时排水，增施有机肥，避免偏施氮肥。三是清洁田园，及早清除田间杂草及病残体以减少毒源。发现病株及时拔除，集中烧毁。

药剂防治：一是播前用10%磷酸三钠浸种40min，然后水洗再催芽播种。二是苗期喷云大-120调节剂4 000倍液、2%氨基寡糖素水剂50~80mL或0.136%碧护赤吲·乙芸薹可湿性粉剂0.005g/亩，促进药剂吸收和植株生长。三是发病初期喷0.5%抗毒剂1号水剂300倍液、20%毒克星可湿性粉剂500倍液、25%毒克星可湿性粉剂500~800倍液、20%病毒宁可湿性粉剂500倍液、病毒必克600~1 000倍液、1.5%植病灵乳剂500~600倍液。每隔10天喷1次，连续1~2次。中后期用病毒K 25mL加医用病毒灵15片加病毒A30g加天然芸薹素3g兑水15kg，均匀喷雾或植病灵15mL加医用病毒灵15片加农用链霉素3g加硫酸锌50g加萘以酸20mg/kg兑水15kg喷雾。在喷药时第1遍喷药浓度要大，第2遍按照一般用量即可。四是消灭传毒介昆虫，及早防治蚜虫，尤其在高温干旱年份，可选用50%抗蚜威可湿性粉剂2 000~3 000倍液或21%增效氰·马EC 2 000~3 000倍液、10%吡虫啉可湿性粉剂1 000~1 500倍液或高效氯氟氰菊酯类农药2 000~3 000倍液进行喷雾，防治蚜虫。

（5）芹菜早疫病。

①为害症状：主要为害叶片，也可为害叶柄和茎。病叶最初出现黄绿色水渍状斑点，逐渐变为褐色或暗褐色，病斑稍圆，周缘黄色。叶柄和茎上病斑为水渍状圆斑或条斑，渐变为暗褐色，稍凹陷；高温多湿时，病斑表面生白色或紫色霉状物，即病菌分生孢子梗和分生孢子（附图7-4）。

②病原物：

形态：属半知菌亚门尾孢属，称芹菜尾孢。子实体两面生，褐色。分生孢子梗束生，榄褐色，顶端色淡，大小（30~87.5）μm×（2.5~5.5）μm。分生孢子鞭形，无色，正直或弯曲，顶端较尖，向下逐渐膨大，至基部近截形，具隔膜3~19个，大小（55.9~217.5）μm×（3.1~5.6）μm。

特性：病菌生长发育温度范围是15~32℃，菌丝发育适温25~

30℃，分生孢子形成适温 15～20℃，萌发适温 28℃。病菌发育需高湿度，分生孢子萌发和产生芽管侵入则需有水滴存在。

③侵染循环：病菌以菌丝体附在种子上或病残体上越冬，也可在保护地芹菜上越冬。条件适宜时产生分生孢子，借雨水、气流、农具、农事活动等传播。病菌的发育适温 25～30℃，最适宜分生孢子萌发、侵染的适宜温度 28℃。高温、多雨天气，郁闭、高湿环境，均有利发生和流行。芹菜栽培中密度过高、昼夜温差大、结露时间长、管理温度高、缺肥、缺水或灌水多、长势弱的地块，发病比较重。

④发生因素：

环境：高温多雨或高温干旱，但夜间结露重，持续时间长，易发病。

栽培：夏秋高温多雨季节，排水不良地块，芹菜易发病。棚室里初期出现高温多湿小气候也易发病。缺水缺肥，灌水过多，通风不良，植株长势弱，发病重。浇水不科学，如阴天或雨天浇水，浇水时大水漫灌，田间积水，都会加重发病。

⑤防治方法：

农业防治：一是选用耐病品种。二是实行 2 年以上轮作可有效减轻病害。三是合理密植，科学灌溉，防止田间湿度过高。浇水时勿大水漫灌，发病后要控制浇水量；施入充足的有机肥，并适时施用化肥，以提高植株抗病性。四是棚室内湿度大时，要适当通风排湿；白天温度控制在 15～20℃，夜间温度控制在 10～15℃，以减少叶面结露。五是随时摘除病叶，带出田外烧毁或深埋，以减少病原，控制病害蔓延。

物理防治：播种前要用 48℃温水浸种 30min，捞出晒干再播种。

药剂防治：一是棚室中可施用 5%百菌清粉剂 15kg/亩，或用 3. 3%噻菌灵烟剂熏烟 0. 25kg/亩。二是露地在发病初期用 2%春雷霉素液剂 100～120mL 兑水 60kg 或 1. 5%多抗霉素可湿性粉剂 300 倍液或 1%申嗪霉素 1 000mL，兑水 45kg 喷防或每平方米用 0. 5%氨基寡糖素水剂 190～250mL 或 2%氨基寡糖素水剂 50～80mL，兑水常规喷雾，每隔7~10天喷1次，连喷2~3次；中后期用50%苯醚甲环唑2 000倍液、25%丙环唑500~1 000倍液、18.7%杨彩、25%秀特、金力士1 000~1 500倍液，任选一种，每7~10天喷防1次。防治药剂应交替轮换使用。

（6）芹菜黑斑病。

①为害症状：主要为害叶片。叶片上的病斑深褐色，近圆形，边缘清晰，大小6~8mm。病斑易开裂破碎，中部有稀疏黑霉。

②病原物：病原物是细交链格孢*Alternaria tenuis* Nees，属半知菌亚门真菌。分生孢子倒棍棒状，喙胞不明显或短，具横隔膜3~4个，有的仅有横隔膜，无纵隔膜。

③侵染循环：病菌随遗留在土壤中的病残体越冬，翌年通过风或雨水溅射传到植株上。高温多雨或高温干旱但夜间结露多容易发病。尤其缺水、缺肥、灌水过多或植株生长不良发病重。

④防治方法：

农业防治：一是实行2年以上轮作，选用优良抗病品种，播种前应先晒种。二是加强管理，雨后及时排水；同时保护地浇水应选晴天上午，浇后加大通风量，防止高温高湿出现；及时清除病株、病果，集中处理，并科学追肥、中耕除草，生长期适时喷施壮茎灵可使植物茎秆粗壮、叶片肥厚、叶色鲜嫩、植株茂盛，天然品味浓。三是调整好棚内温湿度，定植初期闷棚时间不宜过长，防止棚内湿度过大温度过高。

药剂防治：一是发病前或发病初期喷75%百菌清可湿性粉剂600倍液或10%腐霉利烟剂或80%喷克可湿性粉剂600倍液或50%异菌脲可湿性粉剂1 000倍液或58%甲霜灵·锰锌可湿性粉剂500倍液或64%杀毒矾可湿性粉剂500倍液或50%扑海因可湿性粉剂1 500倍液、80%大生可湿性粉剂800倍液、40%灭菌丹可湿性粉剂400倍液。每隔9~11天喷1次，连续2~4次。发病后用药防治效果不理想。二是棚室栽培。在发病前或发病初期熏烟，用45%百菌清烟剂0.2~0.25kg/亩，分4~5处，傍晚暗火点燃闭棚过夜。

每隔7天熏1次，连熏3次。

（7）芹菜基腐病（异名芹菜黑腐病）。

①为害症状：主要发生在近地面芹菜根茎部和叶柄基部，多在近地面处染病，有时也侵染根，发病初期病部成灰褐色，扩展后变成暗绿色至黑褐色，初病部表皮完好无损，后破裂露出皮下染病组织变黑腐烂，尤以根冠部易腐烂，叶下垂，呈枯萎状，腐烂处很少向上或向下扩展，病部生出许多小黑点，即病原菌的分生孢子器。严重的外叶腐烂脱落。

②病原物：*Phoma apiicola* Kleb. 称芹菜茎点霉，属半知菌亚门真菌。幼嫩菌丝初无色，老熟后长成黑色，在马铃薯琼脂培养基上能产生小菌核。分生孢子器球形或半球形，黑色，初埋生后外露，多在不明显的斑点中形成；分生孢子器上具孔口，产孢细胞多单细胞，产孢方式为瓶梗式有别于叶点霉菌。分生孢子单胞无色，长椭圆形，大小（3.0~3.8）μm×（1.0~1.6）μm。病菌生长发育和分生孢子萌发温限5~30℃，16~18℃最适。

③侵染循环：病原以菌丝附在病残体或种子上越冬，借风雨或灌溉水传播，从植株表皮侵入，形成初侵染再侵染，生产上移栽病苗易引起该病流行。播种带病的种子，长出幼苗即猝倒枯死。

④发生因素：

环境：此病发生最适温度在18℃左右，多雨潮湿情况下发病重。

栽培：移栽病苗易引起该病流行。高湿、连作、黏土地发病均重。

⑤防治方法：

农业防治：一是选用抗病品种，如冬芹、美芹、文图拉芹、上海大芹等品种较抗病。二是实行2~3年轮作，最好水旱轮作。三是勤浇浅灌，防止大水漫灌及雨后田间积水，避免田间湿度过高。四是合理施肥，增施磷、钾肥，避免偏施多施氮肥，造成植株徒长。五是合理密植，田间芹菜株距保持5~7cm较适宜。六是及时清除田间病株及病残体，并带出远离芹菜地销毁。

物理防治：用48℃温水浸20~30min，移入冷水中冷却，捞出晾干再播种。

药剂防治：一是叶面用0.1%磷酸二氢钾喷雾，可以增强抗病力，促进植株健壮生长。二是发病初期喷36%甲基硫菌灵悬浮剂500倍液、50%多菌灵可湿性粉剂600倍液、50%苯菌灵可湿性粉剂1 500倍液、30%氧氯化铜悬浮剂800倍液、30%碱式硫酸铜悬浮剂400倍液、40%百菌清悬浮剂600倍液。每隔7~10天喷1次，连续2~3次。施药时应注意将药液喷在植株基部效果较好。大棚内用45%百菌清烟雾剂，于傍晚关闭大棚进行熏烟，每亩每次0.25kg，也可用5%的百蓖清粉尘剂进行喷粉，每亩每次1kg。

（8）芹菜灰霉病。

①发病症状：灰霉病是近年棚室保护地新发生的病害。一般局部发病，开始多从植株有结露的心叶或下部有伤口的叶片、叶柄或枯黄衰弱外叶先发病。幼苗期多从根茎部发病，呈水浸状坏死斑，表面密生灰色霉层。成株期发病，多从植株心叶或下部有伤口的叶片发生，初为水浸状，后病部软化，腐烂或萎蔫，病部长出灰色霉层。严重时，芹菜整株腐烂。

②病原物：该病属灰葡萄孢，属半知菌亚门真菌。有性态称为富氏葡萄孢盘菌。子座埋生在寄主组织内，分生孢子梗细长从表皮表面长出，直立，分枝少，深褐色，具隔膜6~16个，大小（880~2 340）μm×（11~22）μm，分生孢子梗端先缢缩后膨大，膨大部具小瘤状突起，突起上着生分生孢子；分生孢子单胞无色，近球形或椭圆形，大小（5~12.5）μm×（3~9.5）μm。

③侵染循环：病原主要以菌核在土壤中或在病残体上越冬或越夏。条件适宜病原借气流、雨水、露珠及农事操作进行传播，从植株伤口或衰老的器官及枯死的组织上侵入，进行初侵染和再侵染。

④发生因素：

环境：发育适宜温度20~23℃，最高31℃，最低2℃。发病要求有高湿条件，当气温 20℃左右，相对湿度持续 90%以上的多湿状态，芹菜易发病。

栽培：棚室栽培中，连作重茬、土壤带菌率高，浇水时间、水量把握不好，放风时间太早，在棚内形成了有利于此病原分生孢子的发育适温，以及用施药不合理，是引起病害流行的重要原因。

⑤防治方法：

农业防治：一是实行轮作，实行 2 年以上轮作；合理密植。二是棚室通风变温，晴天上午晚放风，使棚温迅速升高，当棚温升至 33℃，再开始放顶风，31℃以上高温可减缓病原萌发侵染；当棚温降至 25℃以下，中午继续放风，使下午棚温保持在 25~20℃；棚温降至 20℃关闭通风口以减缓夜间棚温下降，夜间棚温保持 15~17℃；阴天打开通风口换气。三是浇水宜在上午进行，发病前或发病初期适当节制浇水，严防过量，每次浇水后，加强管理，防止结露。四是及时摘除病叶、病茎、减少田间菌量。清除病苗，发现灰霉病病苗要及时拔除。

化学防治：定植成活期用 75%百菌清可湿性粉剂 500~800 倍液或代森锰锌 600~800 倍液，连喷 2 次，每隔 10 天 1 次。或 58%甲霜灵·锰锌可湿性粉剂 600 倍液、25%米鲜胺乳油 1 200 倍液、50%速克灵可湿性粉剂 1 500 倍液，每 5~7 天 1 次，连续喷洒 2~3 次。

（9）芹菜菌核病。

①为害症状：棚室栽培芹菜中的主要病害，病株率 10%左右。一旦发病，引起全株腐烂，对产量有一定影响。为害芹菜茎、叶。病害常先在叶部发生，形成暗绿色病斑，潮湿时表面生白色菌丝层，后向下蔓延，引起叶柄及茎发病。病初为褐色水渍状，后形成软腐或全株溃烂，表面生浓密的白霉，最后形成鼠类状菌核。

②病原物：核盘菌 *Sclerotinia sclerotiorum*（Lib.）De Bary，属子囊菌亚门真菌。子囊盘初为淡黄褐色，盘状，后变为褐色。子囊无色，椭圆形或棍棒形，大小（91~125）μm×（6~9）μm。子囊

孢子椭圆形，单胞，排成一行，大小（9~14）μm×（3~6）μm。

③侵染循环：病原以菌核在土壤或混杂在种子中越冬，为翌年初侵染源。翌年当条件适合时病菌产生子囊孢子，借风、雨等传播。

④发生因素：该病在低温潮湿环境条件下易发生，菌核萌发的温度范围为5~20℃，其最适温度为15℃，相对湿度在85%以上时，有利于该病的发生与流行。

⑤防治方法：

农业防治：一是轮作倒茬，可与葱蒜类实行轮作。二是棚室在夏季高温休闲期间，深翻土壤40cm，起高垄30cm。灌水，铺盖地膜，密闭棚室10~15天。用无病土培育壮苗。施腐熟有机肥，增施磷钾肥。三是采用地膜覆盖或应用无滴棚膜。保护地注意通风降湿，及时清除病株。四是棚室内湿度达到85%以上时，棚温可控制在22~25℃；如湿度不大，棚温可控制在芹菜生长最适宜的温度15~20℃；棚内夜温不要超过15℃。棚室内杜绝大水漫灌，更不要造成畦内积水。棚内湿度大时要适当延长通气时间，加大通风量。

物理防治：播种前进行种子处理，用10%的土盐水进行选种，以除去菌核。经盐水选过的种子，须用清水洗净后再播种。

药剂防治：一是发病初期喷40%菌核净可湿性粉剂1 000倍液，或50%多菌灵可湿性粉剂500倍液、50%腐霉利可湿性粉剂1 000~1 500倍液、50%异菌脲、50%乙烯菌核利可湿性粉剂1 000~1 500倍液、70%甲基硫菌灵可湿性粉剂600倍液。每隔7~8天喷1次，连续2~3次即可。二是棚室栽培，当棚内出现子囊盘时，可用45%百菌清烟剂或10%腐霉利烟剂夜间闭棚熏烟，每亩次0.25kg，熏1夜。每隔8~9天熏1次，连续2次。

（10）芹菜细菌叶枯病。

①为害症状：从叶缘开始形成大的水浸状病斑，病斑占整个叶面1/3以上，后扩展到整个叶片，叶片呈褐色枯死，该病主要发生在气温低湿度大的条件下，别于叶斑病。

②病原物：病原为绿黄假单胞菌 *Pseudomonas viridiflava*（Burkholder）Dowson，属细菌，杆状，极生 1~4 根鞭毛。

③侵染循环：病原细菌可在杂草及其他作物上越冬，成为该病的初侵染源，该病发生与湿度密切相关，棚室或田间湿度大易发病和扩展，据观察，田间叶斑病的发生可能需借助风雨冲刷，使叶片呈水浸状，利于叶片上的病原细菌侵入、繁殖而发病。

④发生因素：在气温低湿度大的条件下，芹菜易发病。

⑤防治方法：

农业防治：棚室栽培时要采用生态防治法，及时放风排湿，尽量缩短叶面结露持续时间。

药剂防治：发病初期喷 72%农用硫酸链霉素可溶粉剂 4 000 倍液、77%氢氧化铜可湿性粉剂 500 倍液、30%氯氧化铜悬浮剂 800 倍液、30%碱式硫酸铜悬浮剂 400 倍液。每隔 7~10 天喷 1 次，连续 2~3 次。

（11）生理病害。

①烧心：开始时心叶叶脉间变褐，以后叶缘细胞逐渐死亡，呈黑褐色。生育前期较少出现，一般主要发生在 11~12 片叶时。

发病原因：主要是由缺钙引起的。大量施用化肥后易使土壤酸化而缺钙，施肥过多，特别是氮肥、钾肥过多，会影响根系对钙的正常吸收。另外，低温、高温、干旱等不良环境条件均会降低根系活力，减弱根系对钙的吸收能力，加重缺钙。

防治方法：一是选择中性土壤种植芹菜。对酸性土壤要施入适量石灰，把土壤的酸碱性调到中性。二是多施有机肥，避免过量施用氮肥、钾肥，尤其不要一次大量施用速效氮肥。三是避免高温、干旱。温度过高要通风降温。保持土壤经常湿润，小水勤浇，不能忽干忽湿。四是发生烧心时，要及时向叶面喷施 0. 5%氯化钙或硝酸钙水溶液，也可喷施绿芬威 3 号等钙肥。

②空心：

症状：叶柄接近髓部的薄壁组织破裂萎缩，形成空心秆。一般空心现象从叶柄基部向上延伸，同一植株外叶先于内叶，叶基到第一节间发生较早。芹菜空心是组织老化的一种现象，一般发生在植株生长的中后期。空心的芹菜叶柄髓部和疏导组织细胞老化，细胞液胶质化失去活力，细胞膜发生空隙。

发病原因：芹菜出现空心的主要原因是根系吸收肥水的能力下降，地上部得不到充足的营养，叶片生理功能下降，导致芹菜植株叶柄伸长、细弱，制造的营养物质不足，形成空心秆。一是保护地栽培芹菜，温度太低、光照不足或受冻害，导致叶片光合作用减弱，并使根系吸收运转养分和水分受阻而产生空心。二是露地栽培芹菜，高温干旱是造成芹菜空心的主要原因，特别是夏季昼夜温差过小、呼吸消耗较多，更易造成空心。三是如果土壤水分供应不均匀，芹菜生长过程中出现生理缺水，抑制了根部吸收和输送各种营养元素，不仅影响顶芽生长，还会使叶柄中厚壁组织加厚、输导组织细胞老化、薄壁细胞组织破裂而出现空心。四是芹菜根系吸肥能力弱，耐肥能力强，需全面供应营养，生长期以氮素为主，但生长前期应增施磷肥，否则不利于叶片的分化和伸长，幼苗生长瘦弱。五是土壤盐碱性强、较黏重或沙性大及病虫害发生严重的地块芹菜易发生空心。芹菜收获过迟，根系吸收能力降低，细胞破裂，组织疏松，叶柄易老化而发生中空。六是土壤瘠薄的地块，特别是中后期遇高温干旱、肥料不足、病虫为害、肥多烧根、缺乏硼素、芹菜受冻、收获过迟等因素，会使芹菜根系吸收肥水的能力下降，地上部得不到充足的营养，叶片生理功能下降，制造的营养物质不足。在此情况下，叶柄接近髓部的薄壁组织首先破裂萎缩，形成空心秆。

防治措施：一是选用优良品种。选用种子纯度高、质量好、长势旺、品质佳的实心芹菜品种，如美国芹菜、文图拉等。二是选择适宜地块种植。宜选择土层肥厚、富含有机质、保水保肥力强、排灌方便的沙壤土地块种植，土壤酸碱度以中性或微酸性为好，忌在黏土和沙性土壤地块种植。三是温湿度调控。芹菜属耐寒性蔬菜，喜冷凉湿润的环境条件，棚室栽培芹菜，白天气温以15~23℃为宜，最高不要超过25℃，夜间在10℃左右，不低于5℃。适当通风，降低空气湿度，减少病害发生。四是加强肥水管理。施足底肥，每亩施优质腐熟有机肥100~200kg或磷酸二铵15kg左右，最好加施发酵好的鸡粪2 500kg左右；定植缓苗后施提苗肥，每亩随水施硫酸铵10kg左右或硝酸磷钾肥15kg；生长期以追施速效氮肥为主，配施钾肥，每隔15天左右追肥1次。小水勤浇，土壤湿度保持60%~80%，并注意排水防涝。亩叶面喷施0.3%~0.5%硼砂溶液30~40kg，共喷3次，可有效防止空心。赤霉素可促进芹菜生长，在水肥供应充足、管理措施得当、芹菜比较粗壮时，于收获前3天喷20mg/kg赤霉素（可在溶液中加入尿素和磷酸二氢钾等叶面肥），具有增产作用。此外，还要注意及时防治病虫害和及时收获。

③叶柄开裂：

症状主要表现为茎基都连同叶柄同时裂开。

发病原因：一是缺硼引起的；二是在低温、干旱条件下，生长受阻所致。此外，突发性高温、多湿，植株吸水过多，造成组织快速充水，也造成开裂。

防治方法：一是施足充分腐熟有机肥，每亩施入硼砂1kg，与有机肥充分混匀；二是叶面喷施0.1%~0.3%硼砂水溶液。管理中注意均匀浇水。

2. 虫害

（1）蚜虫（别名：腻虫、蜜虫）。

①为害症状：蚜虫是当地芹菜上的主要虫害，从芹菜苗期至成株期均可为害，不但直接取食芹菜茎叶为害，而且是芹菜病毒的重要传毒介体。引起苗期发病出现黄色花叶或系统花叶，发病早的所生嫩叶上出现斑驳或呈花叶状，病叶小，有的扭曲或叶片变窄；叶柄纤细，植株矮化。成株期发病，病后表现的症状有叶片变色黄化、畸变、植株矮化等，以叶畸变引起的植株矮化最为严重，而且

蚜虫排泄物还污染茎叶，使之失去商品价值。

②发生种类：主要有桃蚜和马铃薯蚜柳二尾蚜、胡萝卜微管蚜、桃赤蚜、甘蓝蚜，有时以某一种为主混合发生。属于同翅目蚜科。

③防治方法：

黄板诱杀：利用有翅成蚜对黄色、橙黄色有较强趋性的特点，可直接悬挂诱虫黄板，也可用涂有机油的简易黄板来粘杀蚜虫。黄板的大小一般为20cm×30cm，每亩放置30块涂机油的黄板，插或挂在蔬菜行间，下缘离作物约50cm，当有翅蚜迁飞降落时，即粘死于黄板的机油上。

银灰色膜避蚜：银灰色对蚜虫有较强的驱避作用，可在蔬菜田悬挂银灰色翅料膜条或在蔬菜田覆盖银灰色地膜，以驱避蚜虫。

清洁田园：及时清除蔬菜田边的杂草和残茬败叶，减少蚜虫来源。

利用天敌：蚜虫的天敌种类很多，有七星螵虫、食蚜蝇、草岭等，应加以保护和利用，以发挥其对蚜虫的自然控制作用。

药剂防治：应注意尽量避免杀伤天敌，可用速胜1 200倍液、50%抗蚜威可湿性粉剂1 000~2 000倍液、10%吡虫啉4 000~6 000倍液、5%吡虫啉乳油2 000~3 000倍液喷雾、啶虫脒1 500~2 500倍液、2.5%功夫乳油亩20mL 3 000倍液、40%乐果乳油70mL兑水30kg，任选一种均匀喷雾，防效97.5%以上。还可用25%噻虫嗪（阿克泰）15~30g/公顷、1.8%阿维菌素和5%桉油精防治。

（2）潜叶蝇。

①为害症状：芹菜潜叶蝇主要为害芹菜植物叶片，幼虫钻入叶片组织啃食叶肉组织，造成叶片呈不规则白色条斑，使叶片逐渐枯黄，造成叶片内叶绿素分解，叶片中糖分降低，为害严重时被害植株叶黄脱落，甚至死苗。

②形态特征：潜叶蝇属于双翅目蝇类，体长4~6mm，灰褐色。

雄蝇前缘下面有毛，腿、胫节呈灰黄色，跗节呈黑潜叶蝇色，后足胫节后鬃3根。卵呈白色，椭圆形，大小为0.9mm×0.3mm，成熟幼虫长约7.5mm，有皱纹，呈乌黄色。蛹，长约5mm，呈椭圆形，开始为浅黄褐色，后变为红褐色，羽化前变为暗褐色。

③防治方法：一是深耕深翻土地，减少越冬虫源。二是加强田间管理，清理田间杂草、枯叶，减少虫害的发生。三是喷洒40%氧化乐果乳油1 000~2 000倍液或50%敌敌畏乳油800倍液进行药剂防治。

（3）地下害虫。主要有地老虎、金针虫、蛴螬、蝼蛄。

①形态特征：

地老虎：地老虎是数种夜蛾的幼虫，食性极杂，能将幼小植株的茎咬断，常造成农作物缺苗、断垄，严重影响产量。因其寄主种类复杂、生存环境稳定、隐蔽性强，故防治困难。健壮的灰色幼虫可长达5cm，白天潜伏在植株的基部。靠近地表的块茎偶尔也会被侵害。同一科（地老虎）的某些种类偏好以叶片为食。这些幼虫的后背有很明显的斑点和线条状。

金针虫：金针虫（*Elateridae*）是叩头虫的幼虫，为害植物根部、茎基，幼虫将根茎为害成不规则空洞。成虫体长8~9mm或14~18mm，依种类而异。体黑或黑褐色，头部生有1对触角，胸部着生3对细长的足，前胸腹板具1个突起，可纳入中胸腹板的沟穴中。头部能上下活动似叩头状，故俗称“叩头虫”。幼虫体细长，25~30mm，金黄或茶褐色，并有光泽，故名“金针虫”。身体生有同色细毛，3对胸足大小相同。

蛴螬（白蛆）：蛴螬是一些相对大的甲虫的幼虫，灰白色、头发黄、肥大而弯曲成“C”形。蛴螬可长达5cm。它们有健壮而卷曲的身体且胸部长了小足。主要为害根、块茎，常将根茎咬断，使植株枯死，咬食根茎，造成空洞伤口，使土壤中其他微生物侵入，根茎腐烂。

蝼蛄：它用口器和前边的大爪子（前足）将作物地下茎或根

撕成乱丝状，使地上部萎蔫或死亡，也有时咬食苗，造成缺苗。它在土中串掘隧道，使幼根与土壤分离，透风，造成失水，影响苗子生长，甚至死亡。它在秋季咬食根茎，使其形成孔洞，或使其易感染腐烂菌造成腐烂。蝼蛄体狭长，头小，圆锥形。复眼小而突出，单眼2个。前胸背板椭圆形，背面隆起如盾，两侧向下伸展，几乎把前足基节包起。前足特化为粗短结构，基节特短宽，腿节略弯，片状，胫节很短，三角形，具强端刺，便于开掘。内侧有1裂缝为听器。前翅短，雄虫能鸣，发音镜不完善，仅以对角线脉和斜脉为界，形成长三角形室；端网区小，雌虫产卵器退化。

②生活习性及为害特点：

地老虎：成虫白天栖息在土块缝隙或杂草丛中，夜出取食、交配及产卵，黄昏活动尤甚。成虫具有较强的趋化性，特别嗜好香甜糖醋等物，对黑光灯有强烈趋性。地老虎以幼虫为害，食性极杂，常为害蔬菜幼苗，昼夜取食寄主植物嫩叶。地老虎喜好湿润的环境条件，地势低洼、积水及杂草丛生的菜田为害严重。

金针虫：金针虫约3年1代，以成虫和幼虫在土中越冬。越冬成虫3月出土活动，5月为产卵高峰期，卵孵化后即开始为害，幼虫喜潮湿的土壤，一般在10cm土温7~13℃时为害严重。成虫羽化后，活动能力强，对刚腐烂的禾本科草类有趋性。为害时，可咬断刚出土的幼苗，也可钻入已长大的幼苗根里取食为害，被害处不完全咬断，断口不整齐，还能钻蛀咬食种子及块茎、块根，蛀成孔洞，被害株则干枯而死亡。

蛴螬：该虫以幼虫在土壤中越冬，翌年3月至4月上中旬气温回升时爬上浅土层中化蛹，然后羽化为成虫。成虫在闷热的傍晚，特别是雨后转晴的日子，大量羽化出土，4—7月是成虫活动高峰期。8—9月成虫产卵于疏松、腐殖质丰富的泥土或堆积厩肥、腐烂的杂草或落叶中。蛴螬可食害萌发的种子，咬断幼苗的根茎，断口整齐平截，常造成幼苗枯死，轻则缺苗断垄，重则毁种绝收。其成虫有些能食害作物和果树林木的叶片和嫩芽，严重时仅留下枝干。

蝼蛄：以成虫或若虫在地下越冬。清明后上升到地表活动，在洞口可顶起一小虚土堆。5 月上旬至 6 月中旬是蝼蛄最活跃的时期，也是第一次为害高峰期；6 月下旬至 8 月下旬，天气炎热，转入地下活动，6—7 月为产卵盛期，9 月气温下降，再次上升到地表，形成第二次为害高峰，10 月中旬以后，陆续钻入深层土中越冬。蝼蛄昼伏夜出，以 21—23 时活动最盛，特别在气温高、湿度大、闷热的夜晚，大量出土活动。早春或晚秋因气候凉爽，仅在表土层活动，不到地面上，在炎热的中午常潜至深土层。蝼蛄具趋光性，并对香甜物质，如半熟的谷子、炒香的豆饼、麦麸以及马粪等有机肥，具有强烈趋性。成、若虫均喜松软潮湿的壤土或沙壤土，20cm 表土层含水量 20%以上最适宜，小于 15%时活动减弱。当气温在 12.5~19.8℃，20cm 土温为 15.2~19.9℃时，对蝼蛄最适宜，温度过高或过低时，则潜入深层土中。蝼蛄通常栖息于地下，夜间和清晨在地表下活动。潜行土中，形成隧道，使作物幼根与土壤分离，因失水而枯死，严重时造成缺苗断垄。蝼蛄食性复杂，为害谷物、蔬菜及树苗。取食播下的种子、幼芽或将幼苗咬断致死，受害的根部呈乱麻状，还能在苗床土表下开掘隧道，使幼苗根部脱离土壤，失水枯死。蝼蛄的发生与环境有密切关系，常栖息于平原、轻盐碱地以及湿地，特别是沙壤土和多腐殖质的地区。

③防治方法：

清洁田园：采收后要及时清理菜园，拣除废弃的地膜；铲除田间、地边杂草，在春播作物出苗前或地老虎 1~2 龄幼虫盛发期，及时铲除田间杂草，减少幼虫早期食料。将杂草深埋或运出田外沤肥，消除产卵寄主。

深耕翻犁：芹菜收获后，秋季深翻 20~35cm，可将土表病残体、落叶埋至土壤深层腐烂，并将地下虫、病原菌翻到地表，通过机械杀伤、暴晒、天敌啄食或严寒冻死，可消灭 50%~70%的地下害虫，从而降低病虫基数。

科学施肥：地下害虫对未腐熟的厩肥有强烈的趋性，常将卵产于其中，如施入将带入大量虫卵；碳酸氢铵、腐殖酸铵等化学肥料，散发出的氨气对害虫有一定的驱避作用。另外，通过施用充分腐熟的有机肥，可改良土壤的透水通气性状，促使根系发育良好，增强作物的抗虫性。

合理灌溉：土壤温湿度直接影响地下害虫的活动，持续过干或过湿，则使其卵不能孵化、幼虫致死，成虫繁殖力和生活力严重受阻。在地下害虫发生严重的菜地，在不影响作物生长发育的前提下，合理控制灌溉或及时灌溉。通过调节土壤的干湿度，可促使害虫向土层深处转移，避开蔬菜最易受害时期。

药剂拌种：用50%辛硫磷、48%乐斯本或48%天达毒死蜱、48%地蛆灵拌种，比例为药剂：水：种子=1：(30~40)：(400~500)。

诱杀：一是性诱剂的应用。具体使用方法：在成虫发生期，将诱芯及诱捕器悬挂于田间，距离作物上方15cm左右，每亩棋盘式配置3~5套为宜。二是糖醋液诱杀。利用小地老虎成虫的趋化性，可自制糖醋液（糖：醋：酒：水按3：4：1：2的比例，加少量敌百虫），将糖醋液装于盆内，置于距离地面1m处，傍晚放到田间，次日上午收回。其对雌、雄成虫均有一定的防治效果。三是草把诱卵。用麦秆扎成草把，插于田间引诱成虫产卵，每亩置3.5把，每5天更换1次，更换下的草把要集中烧毁以灭卵。诱捕幼虫：傍晚将泡桐叶、莴苣叶，或苜蓿、艾蒿、青蒿、灰菜、白茅、鹅儿草等鲜草均匀混合，堆放在田间，每亩放100堆左右，每堆面积6~7m^2，于第2天清晨翻开草堆捕杀幼虫，如此连续5~10天，即可将大部分幼虫消灭。四是毒饵诱杀。每亩用切碎的鲜草或菜叶5kg加50%辛硫磷搅拌均匀，或将50g 90%敌百虫用温水化开，加水3.5~4kg喷在7.5kg炒香的麦麸上，搅拌均匀，于傍晚撒施在植物基部周围防治幼虫。或用煮熟的谷子晾干后拌种，拌1%~0.3%甲基1605乳油，亩用1.5kg谷子，撒毒谷于田间，诱杀蝼蛄。五是灯光诱杀。利用害虫的趋光性，在开始盛发和盛发期间在田间地头安装频振式杀虫灯，诱杀成虫。六是毒土法。可用48%地蛆灵乳油200mL/亩，拌细土10kg撒在种植沟内，也可将农药与农家肥拌匀施入或每亩用50%辛硫磷乳油200～250mL加拌细土25～30kg，播种时撒施在土壤中，或亩用地虫全杀2kg，拌细土20～25kg撒于土表，然后浇水。七是人工捕杀。对田间高龄幼虫每天清晨扒开被害株附近表土进行捕杀。

化学防治：一是播种前结合耕翻施药防治。亩用40%甲基异硫磷或50%的辛硫磷250mL加水稀释10倍与40kg细干土拌匀，堆闷30min后撒施翻入土中，或每亩用3%辛硫磷颗粒1.5－2kg，拌在50kg细土或沙里，于伏、秋耕时或播前施入犁沟内。二是喷药防治。在地老虎1～3龄幼虫期喷洒40%毒死蜱乳油，每亩90～120g兑水50～60kg，或2.5%溴氰菊酯、4.5%高效氯氰菊酯、20%的氰戊菊酯任一种，3 000倍液喷防。田间喷药防治应根据地老虎昼伏夜出的生活习性，在傍晚前用药，提高防效。三是药剂冲施。在芹菜灌水时用50%的辛硫磷250mL、4.5%高效氯氰菊酯250mL，蛴螬发生重的苗床或棚室灌50%辛硫磷乳油1 000倍液或80%敌百虫可湿性粉剂700～800倍液，每株灌兑好的药液150～250mL，可有效杀死根际附近的蛴螬。

（4）蛞蝓。

①为害症状：学名*Agriolimax agrestis* Linnaeus，为腹足纲，柄眼目，蛞蝓科动物的统称，是一种软体动物。蛞蝓主要为害各种蔬菜及其他作物，取食蔬菜叶成孔洞，尤以幼苗、嫩叶受害较重，或食其果实，其分泌物污染果实，严重影响商品价值。因其食量较大，一夜就可把整株蔬菜小苗吃光。蛞蝓爬过时，在植株叶片会留下光亮的透明黏液线条痕迹，影响商品价值，是一种食性复杂和食量较大的有害动物。由于蛞蝓体表分泌的黏液能抵御药物进入，常规杀虫剂对它无防治作用。

②外形特征：常见蛞蝓像没有壳的蜗牛。成虫体伸直时体长

30~60mm，体宽4~6mm；内壳长4mm，宽2.3mm。长梭型，柔软、光滑而无外壳，体表暗黑色、暗灰色、黄白色或灰红色。触角2对，暗黑色，下边一对短，约1mm，称前触角，有感觉作用；上边一对长，约4mm，称后触角，端部具眼。口腔内有角质齿舌。体背前端具外套膜，为体长的1/3，边缘卷起，其内有退化的贝壳(即盾板)，上有明显的同心圆线，即生长线。同心圆线中心在外套膜后端偏右。呼吸孔在体右侧前方，其上有细小的色线环绕。黏液无色。在右触角后方约2mm处为生殖孔。卵椭圆形，韧而富有弹性，直径2~2.5mm。白色透明可见卵核，近孵化时色变深。幼虫初孵幼虫体长2~2.5mm，淡褐色，体形同成体。

③防治方法：

农业防治：采取清洁田园、铲除杂草、及时中耕、排干积水、耕翻晒地、施用充分腐熟的有机肥等田间措施，降低土壤湿度，造成对其不利的田间环境条件；采用地膜覆盖栽培，避免蛞蝓爬到地面上；铲除田间杂草，减少蛞蝓的食物来源；清除保护地内的垃圾、砖头、瓦片等物，避免蛞蝓躲藏。

人工诱杀：利用蛞蝓对甜、香、腥气味有趋性这一特点，在保护地内栽苗前，可用新鲜的杂草、菜叶等有气味食物堆放在田间诱集，天亮前集中人工捕捉。

生石灰或草木灰防治：每亩用生石灰或草木灰5~7kg，蛞蝓怕碱，没有壳，身上又有黏液，在其夜间出来为害时，身上粘上生石灰或草木灰后会导致死亡，防治效果很好。

化学防治：可在田间施用6%四聚乙醛颗粒剂，用药时应注意选择在蛞蝓活动旺盛时期用药，每亩地使用药剂500g，均匀撒施或拌细土撒施于地表或作物根系周围，施药后不要在田间内踩踏，不宜浇水，药粒被冲入水中会影响药效，需补施或50%蜗克灵拌切碎的菜叶置小堆诱杀。

第二节　设施辣椒标准化栽培技术

一、塑料大棚辣椒标准化栽培技术

（一）栽培环境

1. 土壤条件

选择地势平坦、排灌方便、地下水位较低、土层深厚、土质疏松、有机质含量丰富，土壤全盐含量不高于3g/kg的沙壤土或壤土；基地菜田未长期施用含有有害物质的工业废渣改良土壤；基地3年内未种植茄科作物。

2. 设施条件

选择结构稳定、抗风抗压能力强、使用寿命长、便于农事操作、温光性能好的PYSDPY2008-3型水泥拱架结构大棚（长60m，宽9m，弧顶高2.7m，占地面积0.81亩）或新型钢架大棚（长75m，宽10m，弧顶高3.5m，占地面积1.2亩）。

3. 灌溉条件

灌溉水应是深井地下水或水库等清洁水源，pH值6.5~7.5，避免使用污水或池水等地表水灌溉。最好使用滴灌设施灌溉，也可使用暗沟或明水灌溉。

（二）品种选择

宜选用优质、高产、抗病、抗逆性强、适应性广、商品性好的耐热辣椒品种。如亨椒新冠龙、朗悦206、朗悦407等适合本地市场消费及外销的牛角椒系列品种；也可选用螺丝椒，如华美105、娇艳105、37-94等系列品种（附图5-2）。

（三）育苗

1. 播种前准备

（1）育苗基质。使用富含有机质和辣椒苗期生长所需营养元素、不含重金属等有毒有害物质、理化性好的轻型专用商品育苗基质。EC 值 2.0～3.5ms/cm，孔隙度约 60%，pH 值 6～7，速效磷 30mg/kg 以上，速效钾 100mg/kg 以上，速效氮 150mg/kg，疏松、保肥、保水，营养完全。也可自配基质，草炭：蛭石：珍珠岩＝2：1：1，每立方米基质中均匀掺入粉碎的硫酸钾复合肥 0.5kg、过筛后的腐熟鸡粪 10kg。

（2）穴盘。选用长 54cm、宽 28cm、高 4cm、上口径 3.6cm、底径 1.4cm 的 98 或 105 孔 PS 材质黑色穴盘。

（3）育苗设施消毒。

育苗场所消毒：用 40%甲醛 100～150 倍液喷洒，或每立方米用 80%敌敌畏乳油 1mL 与锯末 3～6g 加 3g 硫黄粉混合点燃，密闭 1 昼夜。

穴盘及用具消毒：将清洗干净的穴盘及用具放置在密闭的房间，按每立方米用 4g 硫黄粉加 6g 锯末点燃熏蒸，密闭 1 昼夜；或将穴盘及用具浸入高锰酸钾 1 000 倍液中，浸泡 30min，取出晾干备用。

（4）装盘。

基质预湿：装盘前将基质含水量调节至 55%～60%，即用手紧握基质，有水印而不形成水滴，堆置 2～3h，使基质充分吸足水。

基质装盘：为利于装填基质，先将穴盘整齐的排列成行，然后按顺序装填基质，将预湿好的基质装入穴盘中，用规则的木条刮去多余的基质后叠压起来压穴，每 20 个 1 摞，码放整齐。

2. 播种

（1）播种期。塑料大棚穴盘育苗适宜的播种时间在 1 月 15—25 日，苗龄 50～60 天。播种时，温室内夜间气温稳定在 12℃左右，可催芽后播种，也可用干籽直接点播（机械播种）。

（2）播种量。根据种子大小及定植密度，每亩栽培面积用种量 50～80g。

（3）浸种催芽。将干燥种子置于 70℃恒温条件下处理 72h，或用 10%磷酸三钠溶液浸种 20min，然后进行温汤浸种；把种子放入55～60℃热水中，维持水温均匀浸泡15min；待水温降至25℃时，在恒温条件下浸种24h，搓洗黏液至无辣味后捞出，用洁净纱布或毛巾包好。置于28～30℃恒温条件下保湿催芽，每天早晚分别用温水冲洗1次，保温保湿催芽4～5天，70%种子露白后即可播种。包衣种子可直接播种。

（4）播种。种子质量应符合GB/T 16715.3—1999中2级以上要求。将种子播于穴盘中，每孔播1～2粒种子，播种深度1～1.5cm。覆盖基质1cm后刮平，摆放在苗床上，喷水2～3次，浸透基质即可，覆盖地膜（出苗后即撤去），种子出苗后及时除去个别没有脱落的种皮。

（三）苗期管理

1. 温度管理

播种至出苗，白天温度28～30℃，促进出苗整齐。苗期保持白天25～28℃，夜晚17～20℃。定植前7天逐步加大放风量开始炼苗，白天20℃，夜间温度逐渐由15℃下降到8～10℃。

2. 水分管理

播后第1水要浇足，苗期生长穴面基质发白即应补充水分，浇匀浇透。一般1天1水，每次以喷透基质为宜。中午不浇水，温度高时下午再补1水，降温促根系生长。当幼苗真叶展开后，随浇水可用0.2%磷酸二氢钾加0.1%尿素溶液进行叶面追肥，每7～10天1次。

3. 光照管理

在温室搭置遮阳网，晴天10时遮阴，15时后和阴雨天要揭去遮阳网，防止幼苗形成“高脚苗”。

4. 壮苗指标

株高15～20cm，茎粗短，有7～9片真叶，从子叶部位到茎基部约2cm，子叶部位茎粗0.3～0.4cm；叶片大而肥厚，颜色浓绿，叶柄长度适中；根系发达为乳白色，主根粗壮，须根多，茎叶及根系无病虫为害，无病斑，无伤痕。

（四）定植

定植前准备

（1）整地施基肥。按 NY/T 394—2000 的规定执行。结合整地每亩施入充分腐熟无害化处理的有机肥 4 000kg，深翻 25~35cm，旋耕 2~3 次，同时结合作畦，每亩沟施磷酸二铵 40~50kg、硫酸钾复合肥 20~30kg。

（2）作畦。采用宽窄行作畦，畦宽 70~80cm，垄沟距 50cm，畦高 25~30cm，南北向起高畦，每棚起 48~50 畦，畦上覆地膜。

（3）定植时间。根据气候条件，当气温稳定在 10℃以上、最低气温 6℃以上即可定植，宁夏一般在 4 月上中旬定植为宜。

（4）定植前药剂处理。定植前用 80%多菌灵 800~1 200 倍液对塑料大棚材料、土壤、畦面进行喷雾处理，定植时用 20%的移栽灵 10mL 加水 15kg 对辣椒种苗进行蘸根。

（5）定植密度。根据种植品种的生长势和生长特性，采用宽窄行定植法，宽行行距 80cm，窄行行距 40cm，株距 30~40cm，每亩定植 2 800~3 100 穴，每穴 1 株。

（6）定植方法。选择晴天下午进行。用打孔器开穴，在穴中分 2 次浇足定植水（1 000mL 左右），后栽入辣椒苗。定植深度以掩埋基质坨为准，保证幼苗所带基质块完整，根系未受损伤，覆土后封好膜边。定植后 3~4 天灌缓苗水。

（五）田间管理技术

1. 水肥管理

辣椒坐果前应控水控肥，坚持“灌足灌透定植水，缓浇少浇缓苗水，适时灌溉坐果水”的原则，以避免造成植株徒长，影响坐果。门椒膨大期结合浇水进行第 1 次追肥，每亩沟施或穴施尿素 10~15kg，硫酸钾复合肥 10kg。当气温高、蒸发量大时，增加灌水次数，小水勤灌，保持土壤湿润。每采收 1~2 次，追肥 1 次，追肥以尿素、硫酸钾复合肥、磷酸二氢钾为主，配合钾宝、全营养配合肥料交替使用。

2. 植株调整

生长旺盛品种采用 3~4 秆整枝。第 1 分枝下的侧枝尽早抹除，中后期摘除下部老叶、黄叶、病叶，疏剪弱枝、徒长枝，清理内膛枝，培育壮秧。

（六）病虫害防治

1. 病虫害防治原则

按照“预防为主，综合防治”的植保方针，提倡农业防治、物理防治、生物防治为主，化学防治为辅的无害化治理原则。农药使用应符合 GB 4285、GB/T 8321（所有部分）和 NY/T 393—2000 的规定。注意交替用药，合理混用，严格控制农药安全间隔期。

2. 主要病虫害种类、发生条件及防治方法（表 3-1、表 3-2、附图 7-5、附图 7-6）

表 3-1　辣椒主要病害发生条件及防治方法

病害名称	传播途径	有利发生条件	农药防治
猝倒病	雨水、灌溉水、种子	土温 15~16℃、相对湿度 80%~90%	72.2%普力克水剂 600 倍液喷雾；加强苗床管理，提高地温，降低湿度，注意通风
立枯病	水流、土壤、农具	高温、高湿，适宜温度 24℃	75%百菌清 600 倍液，或 72%霜脲·锰锌可湿性粉剂 600 倍液连同床面进行喷雾；加强苗床管理，提高地温，降低湿度，注意通风
疫病	土壤、水流、气流	温度 28~30℃，种植过密、湿度过大、通风不良	64%杀毒矾可湿性粉剂 1 000~1 200 倍液喷雾；52.5%抑快净可湿性粉剂 1 500~2 000 倍液喷雾；选用抗病品种，轮作倒茬，高垄栽培
病毒病	种子、汁液摩擦、蚜虫	高温干旱、日照强、缺水、缺肥、管理粗放	20%病毒 A 可湿性粉剂 600 倍液喷雾；抗病毒 1 号 300 倍液喷雾；NS-83 增抗剂 100 倍液喷雾；选用抗病品种，增湿降温，从苗期开始预防
白粉病	气流、雨水	高温干旱与高温高湿交替出现、同时有大量菌源时容易流行	40%福星乳油 3 000~6 000 倍液喷雾；2%武夷霉素水剂 200 倍液喷雾；选用抗病品种

（续表）

病害名称	传播途径	有利发生条件	农药防治
枯萎病	雨水、灌溉水、种子	土温 25～30℃、相对湿度 80%～90%	50%扑海英可湿性粉剂 1 500～2 000 倍液喷雾；50%速克灵可湿性粉剂 1 500～2 000 倍液喷雾；选用抗病品种，避免连作

表 3-2　辣椒主要虫害发生条件及防治方法

虫害名称	传播途径	有利发生条件	农药防治
蚜虫	风、有翅蚜迁飞	气温 16～22℃、相对湿度 75%以下	10%吡虫啉可湿性粉剂 4 000～5 000 倍液喷雾；3%苦参碱溶液 1 500 倍液喷雾；5%鱼藤精乳油 600～800 倍液喷雾；铺银灰色地膜，黄板、振频灯诱杀成虫
白粉虱	风、成虫迁飞	气温 18～27℃	10%扑虱灵乳油 1 000～2 000 倍液喷雾；2. 5%功夫乳油 2 000～3 000 倍液喷雾；黄板、振频灯诱杀成虫
美洲斑潜蝇	风、成虫短距离迁飞	气温 19～28℃、相对湿度 80%～90%	5%锐劲特悬浮剂 2 000～3 000 倍液喷雾；2. 5%菜喜悬浮剂 1 500～2 000 倍液喷雾。黄板、振频灯诱杀成虫
蓟马	人为传播、风	气温 15～30℃、土壤含水量 < 60%	5%抑太保乳油 2 000～3 000 倍液喷雾；5%卡死克乳油 1 000～2 000 倍液喷雾。蓝板、振频灯诱杀成虫
红蜘蛛	人为传播、风	气温 29～31℃、相对湿度 35%～55%	5%卡死克乳油 1 000～1 500 倍液喷雾；20%螨克乳油 1 000～1 500 倍液喷雾
棉铃虫	成虫短距离迁飞	气温 23～30℃、相对湿度>70%	2. 5%功夫乳油 1 500 倍液喷雾；48%乐斯本乳油 1 500 倍液喷雾；10%天王星乳油 1 500 倍液喷雾；振频灯诱杀成虫，幼虫 3 龄前防治
烟青虫	成虫短距离迁飞	气温 23～30℃、相对湿度>70%	25%西威因乳油、90%万灵可湿性粉剂、2. 5%敌杀死乳油 1 000 倍液喷雾；幼虫 3 龄以前进行药剂防治

（七）采收

门椒、对椒应适当早采，以免坠秧影响植株生长。此后果实充分膨大，果肉变硬、果皮发亮后及时采收，摘下后轻拿轻放，按大小分类包装出售。采收过程中所用工具应清洁卫生、无污染。

二、日光温室秋冬茬辣椒栽培技术

秋冬茬主要是指深秋到春季供应市场的栽培茬口，主要供应元旦市场，7 月上旬播种育苗，苗龄 60~70 天，9 月上中旬定植，11 月上中旬开始采收。

（一）品种选择

选择耐低温寡照、耐疫病、抗病性强、耐储运、商品性佳的品种，如 37-94、川崎秀美、华美 105、娇艳 105 等。

（二）定植

辣椒一般在 9 月上中旬定植，在定植前要对温室进行彻底的消毒，一般用硫黄粉熏烟法，每百平方米的栽培床用硫黄粉、锯末、敌百虫粉剂各 0.5kg，将温室密闭，将配制好的混合剂分成 3~5 份，放在瓦片上，在温室中摆匀，点燃熏烟，24h 后，开放温室排除烟雾，准备定植。

整地施基肥的方法如前所述，整地后，按垄间距 1.5m，垄面宽 0.8m，沟宽 0.7m，垄高 0.25m，有条件的铺上滴管，在垄上覆盖地膜，行距 0.75m，株距 0.4m 打定植孔，晴天上午定植，深度以苗坨表面低于畦面 2cm 为宜。栽完后浇定植水。

（三）田间管理

1. 蹲苗期管理

定植以后浇水 1~2 次以后即进入蹲苗期。蹲苗期白天温度保持在 20~30℃，夜间温度保持在 15~18℃，地温 20℃，一般不浇水，只进行中耕，当门椒坐住，就可以浇一次大水，每亩随水施化肥 10~20kg，结束蹲苗。

2. 结果期管理

（1）温度管理。辣椒是喜温蔬菜，温度管理的主要工作是通风降温，但要做好防寒和防早霜的准备，10 月 15 日前后就要上保温被。冬季白天温度应保持在 20~25℃，夜间 13~18℃，最低应控制在8℃以上。以保温为主，通风量要减小，通风时间要变短，以顶部通风为主，下午温度降到18℃时，及时盖保温被。在温度的具体管理上用变温管理。这种方法是利用辣椒的温周期特性，将一天的温度管理分为四个时段，即上午、下午、前半夜、后半夜，上午揭开草苫以后，使温度迅速提高，维持在25～30℃，不超过30℃不放风，上午辣椒的光合作用强度高；13时以后，呼吸作用相对提高，此时的重点是抑制呼吸作用，通过适当的放风，使温度降低，维持在20～23℃；前半夜的重点是促进白天光合同化物的外运，此时辣椒植株进行呼吸作用。促进同化物外运的适宜温度是18～20℃；到后半夜，管理的重点是尽可能地抑制呼吸作用，减少养分的消耗，温度在15℃左右。在进行变温管理时应注意两个问题，其一是气温与地温的关系，辣椒的生长要求一定的昼夜温差，在高气温时，应控制较低的地温，在低的气温时应控制较高的地温，地温的调节可以通过早晨浇水等方法来实现。其二是光照与变温管理的关系，在光照充足的情况下，高温可提高辣椒的光合速率，而在光照不足的情况下，较低的温度可以抑制呼吸消耗，所以，应根据天气的晴阴变化，灵活控制温度，在晴天时控制温度取高限，在阴天时控制温度取低限。

对于在冬季保温效果较差的温室，在覆盖各种不透明覆盖物后最低温度仍达不到要求时，可利用揭盖草苫的时间来提高夜间温度和最低温度，即下午在太阳落山之前，覆盖保温被，在早晨，尽量早揭保温被，以揭开后温度在20min内开始回升为宜。

（2）光照管理。冬季光照强度低，应在保证温室温度的情况下，尽量延长光照时间，早揭晚盖保温被，使植株多见光，同时要保持薄膜表面的清洁，提高透光率，在温室的北侧可以张挂反光幕，以提高光照强度。阴天或雪天，光照强度低，植株呼吸消耗大，可进行根外追肥，喷施1%糖水。

（3）湿度管理。湿度过高会出现辣椒叶片的“沾湿”现象，必须除湿。除湿最好的方法是采用膜下灌溉的浇水方式。浇水的时间选择在上午，这样有利于地温的回升和排湿。排湿的方法是在浇水以后，不放风，使室内的温度迅速升高，地表的水分蒸发，空气的湿度提高，1h 后迅速放风 10min，放风口要大，时间不可长，而后关闭放风口，再重复一遍这样的操作。2~3 次，地表的湿气基本可以排除。另外，温室内要尽量减少喷药的次数，以熏烟的方法代替喷药。

（4）水肥管理。冬季浇水应用深机井的水或温室内部蓄水池的水，以防止降低地温。浇水量以土壤见干见湿为准，随水施肥，根据植株的长势和结果情况，每浇 1~2 水施肥 1 次，每亩施磷酸二铵 10kg 或尿素 10kg，也可用专用滴管肥。结果后期，每 5~7 天喷施一次 0.3%磷酸二氢钾或 0.2%的尿素，也可喷施“喷施宝”等叶面肥。

（5）二氧化碳施肥。一是浓硫酸稀释。在棚外安置一瓷缸，向缸中加入 3~4 份水，再取浓硫酸 1 份慢慢加入缸中，边加边用木棒搅拌，待缸中溶液冷却后即可应用。二是棚内按每 $10m^2$ 准备一个大口塑料桶。桶应高出地面 25cm 以上，每个桶中加入配好的稀硫酸；液面高为桶高的 1/3 左右。三是用量。辣椒开花至收获期每平方米用量为 8~11g，苗期到开花前为每平方米 5~8g。四是施用时间，大田为定植后 15~25 天。每天早晨揭帘后或日出后半小时施用，每天 1 次。五是施用方法。将称好的碳酸氢铵用纸或塑料袋包好，在袋上扎几个孔，一同投入塑料桶中即可。施用一段时间后，桶内再加入碳铵，若无气泡放出，则说明碳酸氢铵和硫酸的反应已完全，需再更换稀硫酸。废液是硫酸铵水溶液（含硫铵 25%~31%）可稀释后作追服用。

二氧化碳施肥的时间是 9—10 时，施用后 2h 或温室气温超过 30℃可以通风。阴天、雪天或气温低于 15℃时不宜施肥。

（6）保花保果及植株调整。可用 2,4-D 或番茄灵抹花，也用防落素 30~40mg/kg 喷花或浸花朵，或用 50mg/kg 萘乙酸喷花，效果也很好，果实生长快，形状整齐，前期产量也高。

进入盛果期以后，要摘除内膛徒长枝，打掉下部的老叶。在拉秧前15天摘心，使养分回流，促进较小的果实尽快发育成具有商品价值的果实。

(四) 采收

门椒要及时采收，防止坠秧，以后的果实应长到最大的果形，果肉开始加厚时采收，若植株长势弱，要及早采收。

三、日光温室冬茬辣椒栽培技术

冬茬辣椒在8月末9月初育苗，播种时温度较适宜，可在温室中育苗，也可在小棚或中棚中播种育苗，也可在秋延后栽培的大棚中开辟一处播种育苗。育苗的方法可参照前述。

(一) 定植

日光温室辣椒一般在11月上中旬定植，定植时温度较低，应采用可提高和可保持地温的方式定植，在定植前要对温室进行彻底的消毒，一般用硫黄粉熏烟法，每百平方米的栽培床用硫黄粉、锯末、敌百虫粉剂各0.5kg，将温室密闭，将配制好的混合剂分成3~5份，放在瓦片上，在温室中摆匀，点燃熏烟，24h后，开放温室排除烟雾，准备定植。

整地施基肥的方法如前所述，整地后，按垄间距1.5m，垄面宽0.8m，沟宽0.7m，垄高0.25m，有条件的铺上滴管，在垄上覆盖地膜，依行距0.4m，株距0.5m打定植孔，晴天上午定植，深度以苗坨表面低于畦面2cm为宜。栽完后浇定植水。

(二) 定植后管理

1. 温度管理

要保证温室在定植时保持较高的温度，定植后，外界温度呈逐渐降低的趋势，保温措施要加强，注意应付灾害性天气。定植之后为了促进缓苗，要保持高温高湿的环境，白天不放风并适当地早盖保温被，使夜间保持较高的温度，缓苗后，白天温度保持26~28℃，下午在温度降到17~18℃时盖保温被，盖保温被后温度会回升 2~3℃，以后温度逐渐降低，到第 2 天揭保温被时温度应在 15℃左右。入春以后，温度逐渐上升，要注意加大通风量，适当晚盖保温被，当不盖保温被温度不低于 15℃时，夜间可不盖，当不盖保温被温度不低于 15℃时，夜间可不盖，进行变温管理。

2. 光照管理

冬季的光照强度低，要想方设法提高温室内的光照强度，冬季光照强度低，应在保证温室温度的情况下，尽量延长光照时间，早揭晚盖保温被，使植株多见光，同时，要保持薄膜表面的清洁，提高透光率，在温室的北侧可以张挂反光幕，以提高光照强度。阴天或雪天，光照强度低，植株呼吸消耗大，可进行根外追肥。

3. 湿度管理

冬茬辣椒的结果期正是外界温度最低的天气，温室内的空气湿度大，排湿显得尤为重要。排湿的方法是在浇水以后，不放风，使室内的温度迅速升高，地表的水分蒸发，空气的湿度提高，1h 后迅速放风 10min，放风口要大，时间不可长，而后关闭放风口，再重复一遍这样的操作。2~3 次以后，地表的湿气基本可以排除。另外温室内要尽量减少喷药的次数，以熏烟的方法代替喷药。

4. 水肥管理

冬季温度低，为了防止降低地温，浇水要少量多次，水要用深机井水或温室内部储水池里的水，以保证浇水后土温不会降低过多。浇水时间应选择在早晨，以利于土温的回升和排湿。为了防止浇水后的湿度过大，最好采用膜下灌溉，有条件的可用地下软管灌溉，施肥量比冬春茬辣椒适当减少。在冬茬辣椒栽培中，由于放风量少，内外空气交换少，更强调二氧化碳施肥。

5. 植株调整、培土搭架、保花保果

对于地上部分生长过剩的枝条，应及时摘心，中后期及时除去内部和下部的老叶，改善通风透光条件。封垄以后及时培土，防止辣椒由于头重脚轻而倒伏，培土后吊线，同时，改善了两垄之间的通风透光条件。冬茬整个结果期由于温度低，都要采取保花保果措施，方法如前所述。

（三）采收

冬季温室环境条件差，又要保证较长的生长期，因此，应把采收作为调节植株生长平衡的手段。在植株生长弱时早采，在植株长势强时晚采。

四、日光温室冬春茬辣椒栽培技术

春茬 11 月下旬播种育苗，1 月下旬定植，3 月中旬开始收获，植株生育正常，易受病虫为害，管理好可越夏栽培。

（一）定植

定植时间是 1 月下旬，定植的具体时间应选择在坏天气已过去，好天气刚开始为好。为了保持较高的地温，适宜的定植方法是整地施肥后，起垄，垄宽 80cm，垄间距 70cm，起垄后覆盖地膜，两天以后地温升高，打定植孔，将苗坨摆放在定植孔中，用水壶向定植孔中点水，而后覆土。

（二）定植后管理

1. 温度管理

定植之后为了促进缓苗，要保持高温高湿的环境，白天不放风并适当地早盖保温被，使夜间保持较高的温度，缓苗后，白天温度保持 26~28℃，下午在温度降到 17~18℃时盖保温被，盖保温被后温度会回升 2~3℃，以后温度逐渐降低，到第 2 天揭保温被时温度应在 15℃左右，进入春天以后，温度逐渐上升，要注意加大通风量，适当晚盖保温被，当不盖保温被温度不低于 15℃时，夜间可不盖，但保温被要在 4 月中旬才可除去，以防止出现倒春寒等灾害性天气。在结果期的温度管理中要适当加大通风量，防止棚内温度过高，影响坐果。冬季白天温度应保持在 20~25℃，夜间 13~18℃，最低应控制在 8℃以上。以保温为主，通风量要减小，通风时间要变短，以顶部通风为主，下午温度降到 18℃时，及时盖保温被。在温度的具体管理上用变温管理。

2. 水肥管理

在定植水浇足的情况下，到第1果（门椒）坐住之前一般不浇水，在缓苗以后的蹲苗期，都以中耕为主，地膜以下的土壤可保持湿润和良好的通气性。蹲苗结束时浇1次水，此时门椒已长到直径3cm左右，每亩随水施入硫酸铵20kg，硫酸钾10kg。以后每1水或2水随水施1次肥，每亩可施尿素10kg或硫酸铵10kg，也应进行二氧化碳施肥。

3. 光照调节

冬季光照强度低，应在保证温室温度的情况下，尽量延长光照时间，早揭晚盖保温被，使植株多见光，同时，要保持薄膜表面的清洁，提高透光率，在温室的北侧可以张挂反光幕，以提高光照强度。阴天或雪天，光照强度低，植株呼吸消耗大，可进行根外追肥。

4. 植株调整

为促进结果要进行整枝。方法是在主要侧枝的次一级侧枝上所结的幼果长到1cm直径时，在其上部留5片叶后摘心，使营养集中供应果实生长，在中后期出现的徒长枝要及时摘除。

（三）采收

冬季温室环境条件差，又要保证较长的生长期，因此，应把采收作为调节植株生长平衡的手段。在植株生长弱时早采，在植株长势强时晚采。

第三节 设施果菜标准化栽培技术

一、番茄标准化栽培技术规程

（一）品种选择

选择品种应具有品质佳、耐寒性强、耐弱光、坐果率高、抗病性强等特性。粉果型选择美粉869、普罗旺斯、金山509、金棚一号。樱桃番茄选择千禧、碧娇、龙女、翠红、金童（黄色）（附图

5-3）。

（二）定植

1. 整地施肥

（1）整地。深翻30cm，整平耙细。

（2）施肥。番茄一大茬施肥标准：亩施3车（12m^3）优质农家肥（鸡粪、羊粪、牛粪）、磷酸二铵50kg、钾宝10kg、油渣100kg。

2. 起垄

垄高30cm，小行距50cm，大行距80cm，株距45cm，垄面中间用暗沟滴灌，亩定植2 300株。

3. 定植

覆膜—打孔—点水—栽苗—及时浇定植水。

（三）田间管理

1. 温度管理

白天温度保持在22~28℃，超过30℃及时通风降温，用通风口的大小控制温度，夜间温度应保持在12~16℃。

2. 水分管理

水分管理原则是见干见湿，一般10~12天灌水1次，灌水时间选择在晴天上午，阴天不能灌水。

3. 肥力管理

当番茄第一层果实长到鸡蛋大小时应及时追施促果肥，规定隔1水追1次肥，每栋棚（60m长）每次追施磷酸二铵6kg，磷酸二铵用水浸泡溶解过滤后随水灌入暗沟中，或在两株中间打孔施入，每孔投放5g，施肥深度10cm左右，不能将肥料直接施到根部，也不能乱用其他肥料。

4. 促花保果

每穗花开3~4朵，每天9时至10时30分，用番茄丰产剂2号（1小袋10mL兑水1kg）及时喷花，在药液中加少量食品红以作标记，每穗花只喷1次，不能重复喷。

5. 植株调整

当番茄叶片叶腋中长出的侧枝超过 3cm 时，应及时打掉。

6. 揭苫、放苫

冬季晴天 8 时 50 分及时揭苫，10 时 30 分以后慢慢通风，温度控制在 22~28℃。15 时 30 分以后关闭通风口，使室内温度提到 20℃以上，16 时 30 分左右及时放苫，以提高夜间温度。

7. 冬季连续阴天管理

如遇连续阴天绝对不能灌水，也不能喷药液，如病害严重，在技术人员指导下使用熏蒸烟剂防治。在冬季应采取加温措施，防止番茄冻害，室内一般应用拉碘钨灯或电热器加温，绝对不能用带烟煤或柴草在室内使用，如中午有散射光，在保证室内不降温的前提下及时拉起草苫，提升室内温度。

8. 连阴天突然放晴后的管理

天气突然放晴后要注意放回草苫，不能将草苫全部拉起，应拉花草苫，让番茄接受散射光，如拉起草苫后，叶片出现萎蔫现象，应及时放回草苫或喷清水，待叶片恢复后再拉起草苫。

9. 病虫害防治

无公害蔬菜生产的病虫害防治应在“预防为主，综合防治”的指导方针下，优先采用农业、物理和生物防治措施，科学使用化学农药，严禁使用高毒、高残留农药。常见的病虫害防治方法如下。

（1）灰霉病。喷花药液（番茄丰产剂 2 号）中兑速克灵 1g，防治效果很好。晴天用速克灵粉剂 30g 兑 1 喷雾器水叶面喷雾，每隔 7 天喷 1 次。阴天用速克灵烟雾剂每栋（棚长 60m）5 盒（小盒），下午放草苫后密闭棚室均匀放在棚内点燃熏杀（附图 7-7）。

（2）晚疫病。叶片发现零星黑点时及时用克露、抑快净或安泰生 1 000 倍液防治（每喷雾器水兑药 30g），绝对不能过量用药（附图 7-8 至附图 7-10）。

（3）叶霉病。植株中下部大多数叶片上出现黄片后及时用加瑞农 1 000 倍液或腐霉利 1 000 倍液喷雾（每喷雾器水兑药 30g），绝对不能过量用药。

（4）白粉病。当番茄下部叶片上出现白色霉层时用白粉·高醚1 000倍液叶面喷雾及时防治，每隔7天喷1次。

（5）蚜虫。发现有蚜虫时用啶虫脒1 000倍液喷雾或在棚内（棚长60m）施放5小盒虫螨净烟剂，下午放草苫后密闭棚室点燃，第2天通风，一次性全部杀灭。

（四）安全采收

蔬菜采收前8～10天严禁使用农药，确保产品达到无公害标准。

二、黄瓜标准化栽培技术规程

（一）品种选择

1. 接穗品种

应具有品质佳、瓜把短、耐寒性强、抗病性强等特性。黄瓜品种选择德尔10号、德尔3-1、博美626。水果黄瓜品种选择碧玉2号、迷你2号、碧玉3号（附图5-4）。

2. 嫁接砧木品种

砧木采用黑籽南瓜或白籽南瓜，它们的根系发达，亲和力好，耐寒性强，生长良好，抗病性强，且能保持黄瓜原来的品质。

（二）嫁接育苗

1. 播种量

每亩用黄瓜种子150g、南瓜1.5kg，每平方米苗床黄瓜播种30g、南瓜播种250g。

2. 播前苗床准备

苗床要选在日光温室中间，温度高、光线好、不遮阴，每亩生产面积需播种床：黄瓜4～5m^2，南瓜5～6m^2，畦东西长6～7m，宽1.2～1.5m，深15～20cm，一畦播种黄瓜，一畦播种南瓜，畦上作0.8～1m高的小拱棚，天气寒冷时夜间加盖草帘。

3. 床土的配制

播种床采用沙床，八份河沙加两份腐熟的有机肥充分混匀，平铺到苗畦内，厚度为10～12cm。

4. 种子处理

种子播种前进行浸种催芽处理可以促进种子快吸水、萌动，使之出芽率高、发芽快，还能杀死种皮上的病菌。

（1）浸种。黄瓜种子浸种，用1%的高锰酸钾溶液浸种20～30min，捞出冲洗。把浸泡好的种子，用50～55℃（2份开水，1份凉水）的温水浸泡7～8min，并不断搅拌，待水温降至25～30℃时浸泡3～4h。温水浸种要注意：浸泡的容器要干净，用水量要适中，以水刚刚淹没种子为宜，浸泡3～4h要换水1次，浸泡过程中要清除飘浮在水面上的秕种。南瓜种子在温烫浸种前，先用细银沙搓洗掉表皮黏液，然后汤种，再浸种6～8h，洗净在室内常温下晾18h催芽，提高发芽率。

（2）催芽。将处理好种子用干净湿毛巾或纱布包好，放在28～30℃的温度下催芽。催芽过程中早、晚各用30℃温水淘洗1次，黄瓜20h，南瓜40h，种子萌动出现裂嘴时，进行低温处理，将已经萌动的种子放在2～5℃的环境下冷处理4～6h，经处理后，黄瓜全生育期有耐低温的作用，还可增加产量，然后慢慢提温转入正常温度进行催芽，50%左右的种子露白即可播种。

5. 播种

播种苗床灌透水，将催出芽的黄瓜种子或南瓜种子均匀撒播在沙床上，然后用筛子筛细沙盖于种子上，厚度1.0～2.0cm。黄瓜比南瓜早播3天，催芽时注意调节时间。

6. 营养土配制

配制营养土应因地制宜，总的原则是土壤肥沃，结构良好，松紧适度，疏松、透气、保水保肥力强，无病虫害，未种过茄果类蔬菜的田园土80%，腐熟的有机肥20%，1m^3营养土加尿素0.5kg，过磷酸钙1kg，磷酸二铵1kg，充分混匀，营养土配制好后要进行消毒处理，每平方米加入75%百菌清8~10g，或50%多菌灵10~12g，先与细土拌好后再与营养土混匀待用。

7. 播种后至嫁接前温度管理

白天保持在28~30℃，夜间在18~20℃，当80%种子拱土时，撤去地膜，白天降至25℃，夜间在18~20℃，1~2天使上胚轴露出土表5cm左右，有利于嫁接时的操作。

8. 嫁接方法

黄瓜苗出齐后不断通风炼苗，使幼苗粗壮。南瓜苗出土1/3后，将温度控制在35~37℃，待幼苗子叶展平或近展平、第1片真叶初露，此时黄瓜苗子叶由黄变绿、平展、真叶初露，为嫁接最佳时期。

先用小刀将与接穗下胚轴约相同粗度的竹签，两头削成40°左右楔形，再准备刮须双面刀片1片，并纵向折成两半，用来切削砧木和接穗接面。手指、刀片均用75%酒精棉球消毒。嫁接时先用刀片把砧木的真叶和生长点清除干净，防止子叶叶腋中再发出新的真叶，注意不伤子叶，然后用右手捏住竹签，把竹签削面朝下，左手拇指、食指捏住砧木胚轴，使竹签的先端紧贴砧木1片子叶基部的内侧，向另1片子叶的下方斜插（沿砧木右边子叶向左边子叶斜插），插的深度一般为0.5~0.6cm。插入竹签时要做到三防：一防插破砧木子叶环；二防插得过深（过深会插入砧木下胚轴中央的空腔）；三防插穿砧木的表皮。再将接穗头从子叶下1.5cm处截下，沿没有子叶的一面，在距子叶1cm处朝下削成斜面长0.5cm、倾斜40°的斜面。对面也要用刀片垂直向下削去表皮。接穗削好后，拔出插入砧木的竹签，将接穗斜面朝下，慢慢插入砧木，深度一定要和砧木上的插孔吻合，使接穗子叶和砧木子叶成“十”字形交叉。插接穗时不能用力太大。以免破坏接穗的组织结构，接穗插入的深度，以削口与砧木插孔平齐为度。从削接穗到插接穗的整个过程，都要做到稳、准、快。

9. 嫁接苗管理

苗床上加盖小拱棚，白天温度保持在25~30℃，夜间保持在17~20℃，相对湿度95%以上，温室要早揭晚盖草苫，小拱棚上面全天遮光。3天后逐渐早晚见光，降温排湿，白天气温控制在22~26℃，相对湿度降低到70%~80%，并逐渐增加光照。4~5天后10—15时遮光，6~7天全天见光。8天后取拱棚，10~12天断根。

（三）定植

1. 整地施肥

（1）整地。深翻30cm，整平耙细。

（2）施肥。黄瓜一大茬施肥标准：亩施3车（12m^3）优质农家肥（鸡粪、羊粪、牛粪）、磷酸二铵50kg、钾宝10kg、油渣100kg。

2. 起垄

垄高30cm，小行距50cm，大行距80cm，株距28cm，垄面中间用暗沟滴灌，亩定植3 300株。

3. 定植

起垄—打孔—点水—栽苗—浇定植水—缓苗后覆膜。

（四）田间管理

1. 温度管理

白天温度保持在28~30℃，超过32℃及时通风降温，用通风口的大小控制温度，夜间温度应保持在15~18℃。

2. 水分管理

水分管理原则是见干见湿，一般12天左右灌水1次，灌水时间选择在晴天上午，阴天不能灌水。

3. 肥力管理

当黄瓜第一层果实开始上市时应追施促果肥，规定隔一水追一次肥，每栋棚（60m长）每次追施三元复合肥磷酸二铵6kg，用水浸泡溶解过滤后随水灌入暗沟中，或在两株中间打孔施入，每孔投放5g，施肥深度10cm左右，不能将肥料直接施到根部。

4. 病虫害防治

无公害蔬菜生产的病虫害防治应在“预防为主，综合防治”的指导方针下，优先采用农业、物理和生物防治措施，科学使用化学农药，严禁使用高毒、高残留农药。常见的病虫害防治方法如下。

（1）霜霉病。叶片正面发现黄斑，叶片背面出现黑色霉层时及时用72%普力克水剂、杀毒矾、安泰生1 000倍液防治（每喷雾器水兑药30g），不能过量用药（附图7-11、附图7-12）。

（2）灰霉病。晴天加强通风排湿，用速克灵粉剂或扑海因粉剂30g兑一喷雾器水叶面喷雾，阴天用速克灵烟雾剂每栋（棚长60m）5盒（小盒），下午放草苫后密闭棚室均匀放在棚内点燃熏杀（附图7-13、附图7-14）。

（3）细菌性角斑病。中下部大多数叶片上出现黄片，潮湿时叶片背面出现菌脓及时用DT杀菌剂1 000倍液或农用链霉素1 000倍液喷雾（每喷雾器水兑药30g），不能过量用药（附图7-15）。

（4）白粉病。当黄瓜下部叶片上出现白色霉层时用白粉．高醚1 000倍液叶面喷雾及时防治（附图7-16）。

（5）蚜虫。发现有蚜虫时在棚（棚长60m）内施放5小盒虫螨净烟剂，下午放草苫后密闭棚室点燃，第2天通风，一次性全部杀灭（附图7-17）。

（五）安全采收

黄瓜采收前8～10天严禁使用农药，确保产品达到无公害标准。

三、茄子标准化栽培技术规程

（一）品种选择

1. 原则

早、中熟品种，抗病能力强，丰产性能好。它适合于温棚内反季种植，也可在露地种植，是本区设施蔬菜种植的主要品种（附

图 5-5）。

2. 品种

（1）长茄。布利塔、大龙、农友长茄等。

（2）圆茄。保莱 2 号、黑宝、二苠茄等。

（二）育苗

1. 浸种催芽

播种前晒种 1~2 天，用 50~55℃温水浸泡 10~15min，当水温降至 30℃时再浸泡 5~6h，再放入 1%的甲醛溶液中浸泡 30min，用清水洗净后放入纱布袋中，于 28~32℃的条件下催芽。

2. 播种

无土基质穴盘育苗，壮苗标准为：苗龄 70 天左右，根系发达，吸收能力强，子叶肥大完整，株高 13~15cm，节短茎粗，呈紫色，部分门茄现蕾。

3. 苗期管理

温度管理：播后至出苗前要求白天 28~30℃，夜间 15~20℃；出苗后，白天 25~28℃，夜间 15~18℃。

4. 水分管理

幼苗期要经常保持土壤湿润。

（三）定植

1. 定植

（1）整地施肥。先整平棚内地坪，在起垄前，亩施腐熟的有机肥 5 000kg，土壤墒情不足时，要求灌足底水，然后基施磷酸二铵 30~50kg，氮磷钾复合肥 30kg，肥料撒施后，深翻地 30cm，达到土壤细碎，土肥相匀。

（2）起垄。采用宽窄行栽培，垄高 25~30cm，垄面宽 70cm，垄距 70cm。

（3）定植。地温稳定在 10℃以上方可进行定植，定植小行距 60cm，株距 45cm，铺地膜，按 45cm 株距打孔，定植行株距为 60cm×45cm，将苗放入打好的穴孔内，坐水，待水下渗后覆土，封窝保墒。定植后白天气温控制在25~30℃，夜间16~20℃，以利于缓苗，根据土壤墒情，再灌一次透水。

2. 定植后管理

（1）温度和湿度管理。

①定植后到缓苗前的管理：要求较高的温度以利缓苗，定植后一般不通风，白天温度保持在30~32℃，夜晚温度保持在15~20℃，相对湿度在80%；缓苗后到第1穗花开前，植株恢复生长，要加强通风，防止营养生长过旺，适当降低温度，白天保持在25~30℃，夜晚保持在13~15℃，相对湿度70%。

②开花期：白天适温25~30℃，不超过35℃；夜晚适温15~20℃，不宜低于15℃，相对湿度在60%~70%。

③结果期：切忌高温高湿，白天26~28℃，尽量不超过30℃，33℃时果实发育不良，夜间16~20℃，相对湿度60%。

（2）水肥管理。定植后，主要是提高地温和气温，促进根系的恢复和发根，一般到门茄“瞪眼”后应及时灌水；门茄迅速膨大，随着气温回升，需水、肥量加大，视土壤和天气状况，每7~10天浇水1次，结合浇水，每次每亩施入硫酸铵20kg（或尿素15~20kg）；用大水大肥，保持茄子秧果旺盛，达到丰产。在茄子生长期间，结合病虫害防治，每15~20天喷施叶面肥1次。

（3）植株调整。茄子植株调整是门茄以下侧枝摘除，门茄以上呈现两杈分枝，除此之外的侧枝也应全部摘除。并及时摘除下部老叶，以节省养分和改善田间通风透光。由于地膜覆盖，定植后不能培土护秧，而后期由于大量结果，植株负担很重，因此容易出现倒伏现象，应进行吊蔓，以保证茄子正常生长发育。

（4）结果前期管理。吊秧整枝，白天适宜温度在26~30℃，夜间16~20℃，培育壮株，茄子长至5~8cm浇催果水，每亩冲施三元复合肥15~20kg。严禁开花期浇水，双秆整枝，每节留1个果。结果盛期整枝打杈，白天温度25~30℃，夜间16~18℃，昼夜温差在10~15℃比较合适。每8~10天浇1次水，间隔1水，追肥

1 次，亩施硫酸钾 10kg+磷酸二铵 15kg。

（5）保花保果。由于冬季气温低，茄子常因受粉不良而造成落花落果，因此必须用生长刺激素处理保花保果。目前，用 30～40mg/kg 的丰产剂 2 号，选 1 朵大而开花旺盛的长柱花处理，摘除其余附花。

（四）病虫害防治

茄子的病虫害主要有：黄萎病、棉疫病、蚜虫、白粉虱、红蜘蛛、茶黄螨等。采用以防为主的防治方法，在定植前，每亩用 1.5kg 70%托布津或 25%多菌灵拌土撒于定植穴内，定植后每 7～10 天用 70%托布津 500 倍液灌根，每株 0.25kg，连续 2～3 次，预防黄萎病发生最好嫁接栽培。用 20%灭扫利 1 500～2 000 倍液，50%克螨特 1 500～2 000 倍液交替喷雾防治各种虫害（附图 7-18）。

1. 茄子病害及常用药剂

（1）斑点类（轮纹、炭疽、褐斑、蔓枯、斑枯、灰叶斑）。代森锰锌类药剂如猛杀生、新万生、大生、品润等药剂或安泰生、甲托、脒鲜胺（施保功）、多抗霉素、炭枯净。

（2）白粉病、黑星病、锈病、叶霉病。福星、万兴、世高、特富灵、奥升、翠贝、仙生、粉必清（单用）、腈菌唑任选一种；春雷霉素、武夷菌素等。

（3）霜霉病、绵疫病、晚疫病。37%杜邦泉程 750 倍液或安克、灭克、杀毒矾、雷多米尔、克露、抑快净、普力克、凯润、阿米西达、银法利、科佳等药剂。

（4）灰霉病。多菌灵、甲基托布津、百菌清；速克灵、农利灵、扑海因、百可得；乙霉威及其复配剂：多霉威、万霉灵；嘧霉胺（施佳乐）、隆利、施美特、菌核净。

（5）烂果、烂秆。生白毛为绵疫病，生灰毛为灰霉病，水烂有臭味无毛为软腐病，烂果（瓤黑，果皮黑）为缺硼、钙。

用甲基托布津加炭枯净或大生或猛杀生、新万生、品润等进行防治，注意养分平衡。

2. 茄子的常见虫害

（1）棉铃虫、烟青虫、地老虎。在三龄前用功夫 2 000 倍液喷雾防治。

（2）螨。用螨代治 1 000~1 500 倍液喷雾防治。

（3）蚜虫、蓟马、温室白粉虱。用阿克泰 7 500~10 000 倍液喷雾防治。

3. 防止有害气体为害

施入过多的未腐熟有机肥；或一次追施氮肥太多，而地温又较低，容易产生气体为害，有机肥一定要充分腐熟；要尽量少施氮肥；晴天中午及时放风。

（五）采收

茄子采收的标准是萼片与果皮交界处的“白条”不明显时是采收适期，根茄宜早摘，利于早熟，防止坠秧。

四、甜瓜标准化栽培技术

（一）品种选择

1. 厚皮甜瓜

（1）玉金香（香蜜 1 号）。甘肃河西种子，中熟品种，全生育期 90~100 天（种子播种—种子成熟），坐果—果熟 40~45 天。果实圆形，白色，完熟后淡黄色，当网纹出现时已完熟，特别甜、香，含糖量 16~18 波美度，单瓜重 500~1 000g，亩产 2 000~2 500kg，抗病丰产，最高产量达到 3 000kg。

（2）NO.1（黄皮），中早熟品种，该品种生长势强，皮薄，耐贮，抗病，含糖量为 16%~18%，皮色金黄，白肉，艳丽，单果重 1.5~2.5kg，高产，适宜早春设施栽培，全生育期为 135 天，开花后 35 天左右成熟，亩产达到 2 500kg。

2. 薄皮甜瓜

甜蜜脆梨、望远、香瓜红城脆等。

（二）播种育苗

1. 播种

当地适宜的播种期为元月上旬，苗龄 30 天，2 月上旬定植，“五一”前上市，2 月以后气温逐渐回升，适合甜瓜生长由低温向高温过渡的生长需要。

2. 育苗

（1）育苗材料。采用无土穴盘育苗，选用 72 孔穴盘，基质用农友公司生产的“壮苗二号”，每亩用种量为 150g。

（2）育苗方法。

①烫种催芽：先将种子放入 55℃温水中浸种，并不断搅拌，待水温降到 30℃以下时，用 10%磷酸三铵浸泡 20min，捞出洗净，清水浸泡 4～5h，甩干，包在湿毛巾内（毛巾拧干，不能有水滴），放在 22～25℃温床上催芽，2 天后，种子露白开始播种。

②装盘播种：新穴盘用清水冲洗干净，旧穴盘与用具刷洗干净晾干，在高锰酸钾 5 000 倍液或 40%甲醛 100 倍液中浸泡 30min，取出晾干备用，育苗基质拌水至 60%～70%含水量，每立方米用 40%多菌灵可湿性粉剂 40g 或 65%代森锌可湿性粉剂 60g 与基质拌匀，然后将基质均匀装入事先准备好的穴盘中，填充完基质用木板刮平，把同类穴盘叠在一起互相压穴（深 1.5～2cm），再将露白的种子播入穴盘中，每穴 1 粒，胚根朝下，播完后再覆盖基质刮平，摆放在苗床内喷水，喷水用水滴较细呈雾化状喷头。

3. 苗期管理

播种后白天温度 28～30℃，夜间 17℃以上，加盖小拱棚，湿度保持在 70%～80%，出苗后温度降至 25～28℃，播后第 1 水喷足，要喷透基质，始终保持基质湿润，随后保持表皮“见干见湿”，当幼苗真叶展开后，随水可用 0.2%磷酸二氢钾+0.1%尿素溶液叶面追肥、叶色浓绿、子叶和真叶宽大且厚实，3 叶 1 心，叶柄较粗短，具壮苗标准，苗龄 30 天左右。

（三）定植

1．整地施肥

亩施腐熟的有机肥 4 000kg、磷酸二铵 50kg、硫酸钾复合肥 15kg、过磷酸钙 30kg，底肥可用其中 2/3 普施、人工深翻 1 次、旋耕机旋 1 次，再按计划的行距开沟，将剩余的 1/3 肥料施入沟内、与土充分混匀。

2．消毒

定植前 1~2 天，进行室内消毒，100m² 空间用硫黄 250g 加锯末 500g，19 时开始熏蒸消毒 1 昼夜，密闭棚室。

3．作畦

畦面宽 80cm、下底宽 120cm、畦高 25~30cm，畦中间留深 15cm、宽 40cm、水平通直的小沟，便于膜下暗沟浇水。

4．定植

先定植后覆膜，在 80cm 宽的畦上定植两行，小行距为 60cm，株距 30cm，亩定植苗 2 000~2 200 株，先在垄面上打穴、浇水、再将苗盘放在 1 500 倍移栽灵液中蘸苗。

取苗放入穴内，深度以低于畦面 1cm 为宜，以疏松的细土固定幼苗，围上后浇 1 次透水。7~10 天后，再覆膜。

（四）定植后管理

1．温度管理

定植后为促使缓苗提温，白天 30~32℃，夜间 17~18℃，坐果后白天保持 25~30℃，夜间 15~18℃，开花授粉期 25~28℃，夜间 18℃，果实膨大期白天 28~32℃，夜间 16~20℃，气温高于 32℃或低于 10℃，对坐果和果实膨大不利，果实成熟期应使昼夜温差达 12℃以上。

2．湿度管理

甜瓜不耐空气高湿，应及时防风排湿，采用膜下暗灌或滴灌，可有效降低空气湿度。

3. 水肥管理

定植后浇足浇透水，缓苗后可视土壤墒情及长势浇水，长势弱或墒情差可浇一次伸蔓水，同时，随水亩施尿素 5kg，促秧健壮生长。开花坐果期控水控肥，防止落花落果。当有 70%以上植株瓜长到鸡蛋大小时，浇水、追肥 2~3 次，每隔 10 天 1 水，第 1 次每亩随水追施硫酸钾三元复合肥 25~35kg，钾宝 4~8kg；第 2 次浇水时随水追施硫酸钾三元复合肥 15~20kg，如植株长势弱，亩施 7~10kg 尿素，果实膨大期叶面追肥。

4. 整枝

单秆整枝，瓜秧长到 6~8 片叶时，及时绑蔓、吊蔓，若植株长势旺、选晴天 10 时以后整枝，将子叶以上侧枝去掉，保留 12~15 节的子蔓，促进子蔓迅速坐瓜，坐瓜后瓜前留一片叶摘心，同时随时去掉雄花和卷须，减少营养消耗，必要时扭主蔓生长点，促进雌花开放、坐果。

5. 人工授粉

选瓜、留瓜。由于花器较小，应激素处理，可用番茄丰产剂 2 号，1kg 水兑 10mL 药剂，适宜温度为 18~22℃，将药液盛在容器内，将当天开放的雌花连同瓜胎全部浸入药液中，停留 3s 后取出，且在药液中加入食品红作指示，避免重复淹花，瓜坐住后及时摘除花瓣，每株留 1 个瓜，选果形周正，果皮鲜嫩，果脐较小，无病虫损伤的瓜。

6. 及时清除老叶

随着果实膨大，下部叶片逐渐老化，为使通风透光，及时摘除老叶。

（五）病虫害防治

1. 病害

主要有猝倒病、细菌性角斑病和白粉病，其他病害较轻。猝倒病以苗期发病为主，降低湿度，加强通风，用 58%甲霜灵·锰锌可湿性粉剂 800~1 000 倍液喷雾；细菌性角斑病发病初期用农用链霉素 4 000 倍液或 30%琥胶酸铜悬浮剂液 500~600 倍液喷雾防治，7~10 天喷 1 次，连续喷 2~3 次；白粉病在甜瓜中后期发病非常严重，应及时清理病叶、老叶，通风透光，硫黄熏蒸效果明显，或用 40%氟硅唑乳油 1 000 倍液，或 20%腈菌唑乳油 1 500~2 000 倍液喷雾，每隔 6~7 天喷 1 次，连喷 3 次，交替使用。

2. 虫害

以蚜虫和白粉虱为主，在室内悬挂黄蓝板诱杀，药剂防治用 10%吡虫啉可湿性粉剂 2 000 倍液、5%啶虫脒 800 倍液，叶面喷雾。

（六）采收

采收后 10 天控水，以不出现萎蔫为度，加大昼夜温差，提高品质，果皮变为金黄色，香味溢出时在清晨温度低无露水时采收，果柄剪成“T”字形，及时抢市。

五、西瓜标准化栽培技术规程

（一）品种选择

西瓜宜选择高产、抗病、抗寒、糖分含量高、不易裂果、品质好、产量高，市场走俏的早熟品种，选择黑美人、华铃、宝冠、金美人、小天使、京欣 1 号、新京兰、鲁青 1 号、鲁青抗 9 等品种。

1. 有籽西瓜

金城 5 号、西农 8 号、黑元帅等。

2. 无籽西瓜

黑蜜 2 号、黑蜜 5 号等。

（二）生理特性

1. 根

西瓜是主根系，主根深扎 1m 以上，抗旱能力强，根群主要分布在 20~30cm 的耕层内，根纤细易断，再生能力弱，不耐移栽。

2. 茎

幼苗茎直立，5~6 叶后匍匐生长，分枝性强，能形成 3~4 级侧枝。

3. 叶

叶互生，有深裂，浅裂和全缘，叶片小。

4. 花

雌雄异花同株，主茎 3~5 节现雄花，5~7 节有雌花，开花盛期可出现少数两性花，花冠黄色，虫媒花，清晨开放，下午闭合。

5. 果实

圆球形、卵形、椭圆球形等。果面平滑或具棱沟，表皮绿白、绿、淡绿、墨绿、黑色、黄色，果肉有大红、淡红、深黄、淡黄等，种子扁平，卵圆或长卵圆形，平滑或具裂纹。

西瓜性喜高温，耐旱，不耐寒，遇霜冻即死，结果期间高温少雨，光照充足，昼夜温差大，则同化物质多而呼吸作用消耗少，所结的瓜含糖量高、品质好。

（三）栽培技术

1. 播种

（1）播种时间。播种时间为 3 月上旬，采用无土穴盘育苗，4 月上中旬定植；直播播种时间为 4 月下旬。

（2）播种量。亩用种量 75~100g，千粒重 60~140g。

2. 浸种催芽

育苗移栽、直播都要浸种催芽。温度 55℃，温汤浸种，并不断搅拌，待水温下降到 30℃以下时停止搅拌，浸种 10h 后捞出放在湿毛巾上 25~30℃催芽，每隔 2~4h，用 30℃水淘洗 1~2 次，搓洗掉种子表皮的黏液，2~3 天时零星顶白，开始播种。

3. 育苗方式

采用 72 孔穴盘育苗，基质选用壮苗一号，该基质轻，保水、保肥、疏松、透气、无病菌，操作方便，幼苗生长快，根系发育良好，可培育优质壮苗。播前将基质装盘（或营养钵）、压穴，穴深 1cm。播种后将穴盘置于日光温室内，要求苗床地面平整，浇水使基质湿透，然后加扣小拱棚。

4. 苗期的设施防护及管理

出苗前白天气温控制在28~32℃，夜间18~20℃，高温以利出苗；出苗后白天气温降至20~28℃，控温防止高脚苗，小拱棚早揭晚盖；第1片真叶出现后白天温度20~22℃，适温促苗、浇水、施肥，基质的含水量控制在60%上下，浇水过大，根系黄化，浇水过少，易使植株生长弱。壮苗一号基质使用中易缺氮，在基质中又忌混入氮肥，最好在真叶展现后，注意每盘浇入15g尿素水，10~15天1次。第7天喷1次叶绿精（800倍液）。定植前1周白天温度控制在20~25℃，低温炼苗。苗期注意防治猝倒病、白粉虱、潜叶蝇，可用安克、普力克、代森锰锌、移栽灵等药剂防治。

5. 播种前整地施肥

选择土壤深厚肥沃、排水良好的沙质壤土栽培为好，精耕细作，精细整地，亩施农家肥4 000~5 000kg，磷酸二铵30kg/亩，硫酸钾20kg，尿素15kg。

6. 株行距

定植亩600~800株，株距80cm，小行距70cm，大行距1m。保苗700株左右。

7. 露地大面积种植

采用坐水直播，暖窝深25~30cm，每窝施1锹农家肥，二铵5g，硫酸钾3g，拌匀，再浇水点种，种肥分开，在暖窝向阳面播深1.5~2cm，播后覆土2cm，出苗后及时放苗、封窝。

8. 整枝

双蔓整枝，留1主蔓1侧蔓，主蔓结瓜，主蔓结瓜后在瓜前留5~6片叶摘心，在主蔓外5~7节叶腋处留1健壮侧蔓供给养分用，其余支蔓全部摘心，待瓜坐住后，可停止摘除侧枝，因植株的生长中心向果实，茎蔓长势减弱，保留部分侧蔓可增加面积而提高产量和品质。一般是第2、第3个雌花留果，在主蔓的7~8节处。因为第1雌花坐瓜多畸形，个小，皮厚，商品性差，而第4雌花以后结的瓜距根系太远，养分输送远，容易出现偏头。

9. 压蔓

压蔓的作用有 3 个，一是固定蔓到一定位置，人为定位，增加光合面积；二是防止风害，防止风起时吹折蔓；三是产生不定根。

10. 人工授粉

雌花期如遇阴雨天气要人工辅助授粉，1 雄花可授粉 2~3 朵雌花，如是无籽西瓜，隔行种植有籽西瓜，以便授粉，按 4∶1 比例。

11. 田间管理

及时中耕除草，基肥充足可不追肥，在封窝的时候要留蓄水窝，以收集天然降水。封窝后蔓扯到 30~40cm 茎蔓迅速生长时浇 1 水促茎蔓迅速生长，促秧粗壮、迅速伸展，坐果后并开始膨大时第 2 次灌水，催促果膨大。整个生育期浇 3 水。

（四）病虫害防治

1. 枯萎病

枯萎病是主要的一种病害，重茬地易发生，症状表现是发病中下部叶片开始萎蔫，中午蔓蔫，晚上恢复。防治方法：轮作倒茬，敌克松灌根，施用西瓜重茬剂防治。

2. 疫病

叶片和茎秆上出现不规则褐色黑斑，茎秆上出现后继续扩展，茎秆折断，直接死亡。药剂防治：霜疫清、杀毒矾、代森锰锌等杀菌剂。

3. 细菌性角斑病

叶片上出现当初是褐色的圆形小斑点，后病斑变成黑褐色，潮湿时叶背面有乳白色发亮的菌膜，后病斑开裂穿孔，叶片脱落。防治采用 DT 杀菌剂、农用链霉素、可杀得、春雷霉素、新植霉素。

4. 白粉病

一般在瓜果成熟时容易发生，早期也有发生，且非常顽固，发病叶片正反面都可产生白色图形的粉斑，这些白粉状物为病菌的分生孢子，发病后期，白色粉斑因菌丝老熟呈灰白色，并在病斑上产生成堆的黄褐色黑色小粉点，温度高、湿度大、栽种密度过密、植株徒长、光照不足、通风不良、大水漫灌等均有利于病情发展。药剂防治，多采用多硫悬浮剂800倍液、混杀硫、硫悬乳剂等防治。

5. 虫害

以蚜虫为主，每隔5~7天防治1次，唑蚜0.3%苦生素1 000倍夜。

(五) 采收

授粉后，早熟品种28天左右成熟，中熟品种32天左右成熟，晚熟品种35天左右成熟，因气温高低有所变化。直观判断，瓜附近的卷须发黄，瓜脐凹陷变小。注意高温采摘时，可提前1~2天采摘，防止采摘后不能及时出售，瓜成熟过度，品质下降。

第四节　露地冷凉蔬菜标准化栽培技术

一、大白菜标准化栽培技术

大白菜是本区露地冷凉优势蔬菜作物之一，在本区春夏秋均可栽培，产品品质、经济效益可观，一般亩产净菜在5 000kg以上，亩产值在1 200~2 000元。

(一) 品种选择

适应本地区种植的品种以韩国引进的早中熟品种为主，品种特点是耐寒耐热性强、抗病、优质、高产、品质好、中小球型，适应外销市场。适宜春季栽培的品种有高冷地、四季王、春黄、新春等，适应夏秋季栽培的品种有春夏王、四季王等。

(二) 选地

大白菜对土壤的物理性状和化学性状有较严格的要求。要求土地平整、排灌方便、土壤肥沃、富含有机质、物理性状良好的粉沙壤、壤土和轻黏壤土，适应大白菜种植的前茬有小麦、豆类、葱蒜类、青菜、茄果类等，避免与十字花科作物连作。

（三）栽培方式

本地采用育苗移栽和直播，一般春季和麦后复种采取育苗移栽，菠菜、葱地、冬小麦茬采取直播。

1. 育苗移栽

（1）播期与播量。早春一般在 4 月上旬开始育苗，5 月上中旬定植，夏季一般在 6 月 25 日至 7 月 5 日播种育苗；播量为每穴 1~2 粒，亩用种 30g。

（2）营养土配制。

①营养钵（袋）育苗土配制：选用 80%肥沃的田园土，20%腐熟农家肥，过筛后混合均匀，每立方米加磷酸二氢钾 3kg、多菌灵 80g，充分混合均匀，用塑料薄膜盖严备用。

②无土基质穴盘育苗：本地一般用草炭、蛭石 70%、腐熟有机肥 30%、磷酸二氢钾 4kg、杀菌剂多菌灵 80g，过筛混拌均匀，水分含量在 60%可装盘点种。

（3）苗床设置。选择平坦、排灌方便，便于管理的地段做长 6m，宽 1.5m 的苗床。把营养土装入营养钵（袋）中（如用营养袋要剪去两个角，便于水渗入袋中），摆放在苗床中。夏季苗床距地面 1~1.5m 设置遮阴设备，如遮阳网、防虫网、树枝等，以防暴晒，穴盘育苗在温室内设苗床。

（4）种子处理。把种子放入 25~30℃清水中浸泡 2~3h，然后置于 0.1%高锰酸钾溶液中浸泡 15~30min，捞出后清洗两遍，晾干浮水，即可播种。

（5）播种。把种子点播在营养钵（袋）中，每穴 2 粒，上面覆盖 1~1.5cm 厚的细土，播后给苗床浇水［注意水面不能超过营养钵（袋）的 2/3，水底部渗入钵（袋）中］，渗湿表土为宜，穴盘播种，在压盘后上覆基质 0.5~1cm，在畦内摆放好后灌水。

（6）苗期管理。

水分管理：苗期要求营养钵（袋）内营养土经常保持湿润，出苗前如遇暴雨要加盖塑料薄膜，以防止土壤板结。

光照管理：发芽期以散射光和斜射光为宜，子叶展平后逐渐撤去遮阳物。

营养管理：育苗喷施营养液1~2次（营养液配制为50kg水兑尿素40~50g，磷酸二氢钾50g），3片真叶期，5片真叶期各喷1次，如发现病虫，可在营养液中兑少量防虫农药。

间苗：待苗长至3~4片叶时，间去弱苗，每钵（袋）选留壮苗1株，穴盘苗每穴留1株。

（7）定植。

①整地施基肥：未进行秋施肥或麦后复种大白菜，每亩施腐熟优质有机肥5 000kg，草木灰100kg，尿素15kg，选用肥料达到国家有关质量标准硫酸钾15kg。为防地下害虫，每亩撒施辛硫磷粉剂2~3kg，耕翻后耙平作畦。畦的大小不要超过10m，太大不易整平，影响浇水质量。在畦内按55cm行距拉一条线起垄，垄高一般为13~15cm，春季覆膜栽培可采取宽垄双行栽培，麦后复种可采用单窄垄单行栽培，要求垄面平整。

②本地选用早中熟品种，栽培密度为亩2 200~2 400株，行距50cm，株距45~50cm，边定植边浇水，水量以垄高的2/3为宜，2~3天后进行中耕。

（四）田间管理

1. 水分管理

以前期多浇、后期少浇为原则，定植后至莲座期经常保持土壤湿润，防止高温干旱的现象出现，结球期需水量较多，后期适当控水，防止软腐病等病害发生。

2. 营养管理

根据大白菜的需肥特性，应进行平衡施肥，每生产1 000kg大白菜，需氮1.8~2.2kg，磷（P_2O_5）0.4~0.9kg，钾（K_2O）2.8~3.7kg，比例约为2∶1∶3。缓苗后随水亩施尿素7.5kg，莲座期随水亩施尿素15kg，含钾的化肥10kg，或用追肥枪根部深施，包心初期追施尿素15~20kg/亩，结球中期追施氮肥20kg。全生育期每隔 20~25 天喷磷酸二氢钾等叶面肥 1 次。

3. 其他管理

前几次浇水后要中耕松土，除去杂草。营养钵膨大不再中耕，尽量防止农事操作时造成伤口，病菌侵入。

（五）病害防治

1. 病毒病

遇高温干旱蚜虫为害时发病，属病毒性病害，前期症状是叶片扭曲变形，质硬变脆，叶脉褐色，逐渐发展为半边萎缩，后期转化为软腐病。

防治方法：种子消毒（详见育苗一节）。防止高温干旱现象出现，高温时浇水，最好是井水，降低地温。防治蚜虫传播病害。前期喷施 10%的 83 增抗剂 100 倍液加 20%病毒 A 500 倍液，每隔 10 天 1 次，连防 2 次。

2. 软腐病

进入包球期发病，属细菌性病害，一般在包心初期开始发病，前期症状为中午外叶萎蔫，早晚恢复，以后外叶平贴地面，心部叶球外露，茎基部溃烂，流出灰褐色的脓状物，有腥臭味，随之全株萎蔫枯死（附图 7-19）。

防治方法：高垄栽培，严防大水漫灌。及时防虫，田间操作时避免人为造成伤口，防止病菌侵入。发病初期喷施 50%大白菜腐烂灵 800~1 000 倍液，或 72%农用链霉素 3 000~4 000 倍液，每隔 7~10 天 1 次，连喷 2 次。

3. 霜霉病

秋后高温高湿时发病，属真菌性病害，该病秋季湿度大时易发生，初期症状多为下部叶片上出现水浸状淡黄色病斑，受叶脉限制呈多角斑，枯死后转为褐色，病部在湿度大或有露水时长出白霉。

防治方法：发现中心病株时用 58%甲霜灵锰锌 500 倍液喷雾，隔 7 天 1 次，连喷 2 次。

4. 干烧心

开始包心期发病，属生理性病害，症状在莲座期显现，心部叶片边缘干枯黄化，叶肉呈干纸状，叶片卷缩，植株不良发育，严重的不包心。

防治方法主要以苗期预防为主：追肥不可过量，特别是氮肥，防止叶片过嫩造成干烧心。包球期适当增加浇水次数，降低土壤溶液浓度，促使钙离子进入植物体。从莲座期开始，可轻施钙镁锌肥或0.5%氯化钙，连喷2~3次。

（六）虫害防治

1. 蚜虫

高温干旱季节易大发生，蚜虫除吮吸叶片汁液外还有传播病毒的作用，因此在全生育期都要注意防治。

常用药物有：用20%甲氢菊酯乳油2 000倍液喷雾，药物间隔期7天，并注意喷药时喷在叶片背面虫体上，以增强杀虫效果。

2. 小菜蛾

菜青虫：主要为害叶片，是十字花科作物的主要害虫。

防治方法：用2.0阿维菌素（生物杀虫剂）4 000~6 000倍液喷雾。采收前20天禁止喷药。

二、娃娃菜标准化栽培技术规程

娃娃菜属小型结球白菜，风味独特、质优爽口，且富含多种矿物质和膳食纤维，近年来受到市场的广泛欢迎，种植经济效益比大白菜高。

（一）栽培方式

根据娃娃菜喜冷凉的生长环境，较耐寒，喜光照，需肥量较多的特点，在固原市海拔1 700m以下区域可1年进行2茬次生产，适宜在春、夏、秋露地和早春、晚秋及冬季保护地种植，排开播种、分期采收、均衡上市，并选择早熟、黄心多、耐抽薹且商品性状优良、抗病性强、株型小的品种。

1. 早春温室栽培

选择京春、小巧、绿荷金、春玉黄、金皇后等品种，1月中旬在温室内育苗或2月初直播，每亩播种量为45~50g，行株距保持25cm×25cm，亩株数保持在10 000株左右，2月下旬定植，5月上旬开始收获。

2. 早春拱棚栽培

选择京春、小巧、绿荷金、春玉黄等品种，2月上旬在温室内育苗或3月初直播，每亩播种量为45~50g，行株距保持25cm×25cm，3月上旬定植，5月中下旬开始收获。

3. 春露地栽培

选择绿荷金、春玉黄、大阪金玲等品种，3月上旬在温室或大拱棚内套小拱棚育苗，4月初定植，行株距保持30cm×25cm，亩株数保持8 000株左右，6月上旬开始收获（附图5-6）。

4. 越夏露地栽培

一般为春露地栽培收获后的2茬栽培。选择爱莲、春玉黄、高丽贝贝、高丽金娃娃等品种。于6月初拱棚或阳畦内育苗，6月下旬第1茬收获后及时清理前茬，保护好地膜（一膜两用），6月下旬小苗定植，行株距保持25cm×25cm，亩株数10 000株左右，9月上中旬开始收获。

（二）施肥整地

娃娃菜因生育期较短，要注重施足基肥，尤其是露地一膜两用两茬次栽培，一般每亩施充分腐熟的农家肥3 000~4 000kg或商品有机肥240kg，过磷酸钙30~50kg或磷酸二铵25kg、硫酸钾15kg。将全部基肥撒施后用旋耕机深旋地，使肥土混合均匀。

（三）起垄覆膜

娃娃菜不论一茬次栽培或一膜两用两茬次栽培，都需起垄覆膜。一般做成宽80cm、高15cm的小高垄，垄距20cm，用1.2m宽幅地膜覆盖。

（四）滴灌带的选择及铺设

用于娃娃菜的滴灌带可选择5—贴片滴灌带或6—贴片滴灌带，壁厚0.2mm、滴头间距0.2m。

每垄上按行距25cm的间距均匀铺设3道滴灌带。每条滴灌带末端用堵头或系结，不能让水流出；进水端长短要一致，便于与支管道连接。田间支管道的铺设距离原则上不超过50m，可按照水肥一体化首部设备来决定，生产上可灵活掌握。

（五）播种定植

娃娃菜可直播，也可育苗移栽，在有保护设施的情况下可全年排开播种。但要注意春季防止低温抽薹，夏季覆盖遮阳网遮强光降高温，并利用防虫网防止蚜虫传播病毒病。

1. 直播

在气候较为适宜的晚春、夏季可采用。精细整地后，按1.2m起垄，垄宽1m，垄距20cm，垄高15cm，用1.2m宽幅地膜覆盖。每垄4行，按株行距25cm开穴点播种子，播后覆湿润细土0.5~1cm，精量播种，每穴点播1~2粒种子。2叶1心时定苗，每穴留1株。每亩保苗8 800株左右。

2. 育苗移栽

早春温室、春露地及越夏露地栽培均采用育苗移栽。6月下旬第1茬收获后进行2茬娃娃菜栽培时，最好覆盖黑色遮阳网等遮阴措施，使光照减弱、降低温度、增加湿度，创造适合秧苗生长的环境条件。

育苗时一般选择98孔或105孔穴盘，育苗基质选择包装上印有下列标志的基质：娃娃菜（或叶菜类）专用、产品名称、执行标准、净容量、厂名、厂址、生产日期、联系电话，包装背面印有基质的使用方法和注意事项，如天缘基质、天成基质等。

播种时每穴点播1粒种子，播后盖一层约1cm厚基质，浇1次透水。出苗前温度一般控制在20~25℃；当有70%幼苗出土后，白天温度保持20~22℃，夜温13~16℃，防止温度低于10℃通过春化而引起抽薹。一般在定植前 5~7 天进行变光变温炼苗，并浇 1 次透水，使秧苗适应露地环境。幼苗 4 叶 1 心时定植。

娃娃菜采用育苗栽培时，一般做宽 1m 的小高垄，垄高 12~15cm，垄距 20cm，选择 1.2m 宽幅的地膜覆盖，每垄栽 4 行，株行距均为 25cm。春露地栽培，应在外界最低气温稳定在 10℃以上时进行定植，每亩定植 8 000~9 000 株。定植后即进行滴灌水，以渗透整个垄面为原则。一般用水量为 $40\sim45m^3$。

（六）田间管理

1. 间苗定苗

直播的在幼苗长出 2~3 片真叶时进行间苗，每穴留 1 株。发现缺苗要及时补栽（可在播种时在空闲地育苗，以备补苗）。

2. 中耕除草

直播田在间定苗后进行中耕除草、疏松土壤，以增进土壤透气性，提高地温，促幼苗扎根，防止杂草欺苗；育苗移栽田在定植后 15~20 天进行行间松土除草。第 2 次松土除草在莲座期进行。大面积栽培可采用自走式蔬菜松土除草机作业。

3. 追肥浇水

娃娃菜标准化栽培采用水肥一体化技术。莲座前期适当控水蹲苗 5~7 天，莲座期（蹲苗结束后）第一次施肥灌水，选择平衡型水溶肥，即氮、磷、钾含量均为 20—20—20，亩用量为 5~6kg。从莲座期结束至结球中期，要始终保持土壤湿润。在开始结球时和包心期各进行 1 次施肥灌水，肥料用量同第 1 次。另外，在生长期间叶面喷施钙肥 2~3 次，可选用糖醇钙、氨基酸钙、果蔬钙肥、中华精钙等，使用浓度为 0.3%。采收前 20 天停止追肥，采收前 7~10 天应停止浇水。

（七）病虫害防治

娃娃菜在固原市常发性病害有霜霉病、软腐病、黑腐病、干烧心；常发性虫害为蚜虫、菜青虫。

1. 霜霉病

（1）症状。主要为害娃娃菜的叶片部分，最初叶正面出现淡黄色或黄绿色周缘不明显的病斑，后扩大变为黄褐色病斑，病斑因受叶脉限制而呈多角形或不规则形，叶背密生白色霜状霉。后期病斑相互连接，使整叶枯死。

（2）防治方法。发病初期选用以下两种农药交替防治：一是2.1%诺荷（丁子·香芹酚）水剂600~800倍液叶面喷雾；二是25%吡唑·嘧菌酯1 500~3 000倍液叶面喷雾。一般用药2~3次，每次间隔期5~7天。

2. 软腐病

（1）症状。主要为害茎基部，发病时茎基部腐烂，还会伴有恶臭，在潮湿环境下分泌黄色的黏稠物。

（2）防治方法。始发期用72%农用链霉素可湿性粉剂3 000~4 000倍液或新植霉素4 000倍液等喷雾或灌根，每隔10天防治1次，连续防治2~3次。病情严重时可用30%噁霉灵水剂1 000倍液叶面、地面喷雾，7~10天1次。

3. 黑腐病

（1）症状。幼苗根髓部变黑迅速枯死，成株叶片从边缘向内扩展，形成“V”形黑褐色病斑，斑内网状叶脉变为褐色或黑色，叶柄发病沿维管束向上，形成褐色干腐。

（2）防治方法。加强栽培管理，合理安排茬口；避免连作或与十字花科蔬菜轮作；采用起垄覆膜栽培；发现病株及时拔除，并在病穴处撒生石灰封穴；加强肥水管理，及时行间松土除草。药剂治疗：娃娃菜莲座期用72%农用硫酸链霉素可溶性粉剂4 000倍液喷雾2~3次预防黑腐病；在发病初期，用72%杜邦克露可湿性粉剂600倍液+72%农用硫酸链霉素可溶性粉剂4 000倍液喷雾，隔5~7天喷1次，连喷2~3次。收获前15天停止使用。

4. 干烧心

（1）症状。是由于缺钙引起生理性病害。结球初期，叶边缘出现水渍状，并呈黄色透明，逐渐发展成黄褐色焦叶，向内卷曲。结球后期，病株外观无异常，但内部球叶黄化、发黏、变质，不能食用。阴雨天数多或湿度大，杂菌感染，会引起叶球内腐烂（附图 7-20、附图 7-21）。

（2）防治方法。增施农家肥或生物有机肥，控制氮素用量；合理浇水，尤其遇干旱要及时浇水，宜地膜下滴灌；莲座期、包心期叶面喷施钙、锰肥 2~3 次，既能促进娃娃菜生长、改善品质，又能有效地防止娃娃菜干烧心的发生。

5. 蚜虫

以物理和生物防治为主。在娃娃菜定植后每亩挂黄色粘虫板 50~55 片，用银灰色薄膜进行地面覆盖，可有效控制蚜虫为害；当有蚜株率达到 30%以上，可用 1%苦参碱可溶剂 50~120mg/亩，或 10%吡虫啉可湿性粉剂 1 000~2 000 倍液，或 50%抗蚜威可湿性粉剂 2 000~3 000 倍液喷雾防治。

6. 菜青虫

可在田间放置黑光灯以诱杀成虫。对于菜青虫为害较重的田块，需抓紧时机及时喷药防控。在幼虫 2 龄前用 1.8%阿维菌素乳油 3 000 倍液，或 1%苦参碱可溶剂 50~120mg/亩，或 0.5%蔬果净 700~800 倍液喷雾防治。注意应交替用药，防止产生抗药性。

（八）适时收获

当娃娃菜全株高 30~35cm、外叶转成黄绿色、包球八成时便可采收。采收时应紧贴地面铲掉全株，去除多余外叶，削平基部，分级分等包装或用保鲜膜打包后上市销售。外包装需注明商标名、产地、生产日期等标识。长途外销需提前预冷。

三、西蓝花标准化栽培技术

西蓝花学名 *Brassica oleracea* L. var. italica Plenck，别称绿花菜、青花菜、青花椰菜、美国花菜、青花薹等。西蓝花是 20 世纪 80 年代末至 90 年代初从国外引进的一种名优蔬菜，以肥嫩短缩的花茎和花蕾群作为食用部分，营养价值比白花菜高 1 倍，且质地脆嫩，风味清香。

（一）品种选择

目前种植较多的西蓝花品种有翠光、秋津、绿王、绿冠、蔓陀绿、绿泉、秀绿、优秀、绿地 117、绿地 120、高拱王、绿国 115、金针一号等，较受市场欢迎的品种有优秀、极限等（附图 5-7）。

（二）播种育苗

1. 播种时期

播种时期根据移栽时间确定，一般夏秋季节苗龄为 25～30 天，冬春季节苗龄为 30～35 天。播种时，将准备好的种子均匀地播于育苗盘或做好的苗床内。

2. 苗床管理

育苗盘育苗要及时做好水分控制及苗期病虫害防治工作，适当追施少量苗肥，及时通风炼苗，弃除低劣苗、徒长苗，保证苗齐苗壮。苗床育苗要及时浇水，保证苗床不干燥、不积水，及时防治蝼蛄、蚜虫等苗期虫害以及猝倒病、立枯病、霜霉病等苗期病害，及时炼苗，起苗前 24h 给苗床浇透水，以便于起苗而不伤苗。

（三）地块整理

根据西蓝花的生长特性及其对环境条件的要求，选择土层深厚、有机质含量较高、排灌条件良好、保水保肥力强的地块种植，切忌在种植过十字花科作物的地块上种植。深翻晒垡，翻耕深度为 25～30cm。基肥一般在移栽前 10～15 天进行全层施用，每亩施入优质腐熟农家肥 2 500～3 000kg、进口三元复合肥 40kg、过磷酸钙 40kg。西蓝花对微量元素硼需求量较大，因此无论用化肥或有机肥作基肥，每亩都要施入硼砂 2kg，以满足西蓝花生长发育的需要，避免花茎空心。

（四）作畦移栽

1. 高畦栽培、合理密植

西蓝花是一种喜温光而怕炎热、喜湿润而怕浸渍的作物，为了提高光能利用率，增加土壤通透性，改善田间小气候，提倡高畦栽培，合理密植，尤其是夏季降水量大，采用深沟高畦栽培更有特殊意义。一般畦面带沟宽 2~4m，畦高 25~30cm，四周排水沟及田中腰沟深 50~60cm，做到沟沟相通，易灌易排。一般株距 50~60cm，行距 35~40cm，每亩种植 2 800~3 200 株。

2. 适时移栽

根据苗龄、天气、土壤墒情等情况把握好移栽时机，特别是冬季移栽如果遇到降温，则应适当推迟移栽日期。采用浅穴移栽的方法，穴深 5~8cm，如果栽植过深则茎基部通气性差，易诱发立枯病。移栽当天浇透定根水，及时防治移栽期病虫害。

（五）田间管理

西蓝花一般要追肥 3~4 次。第 1 次是在移栽成活后施“发棵肥”，可用 10%~15%的稀薄人粪尿浇施；第 2 次和第 3 次分别在移栽后 20~25 天和 35~40 天时进行，每亩施用尿素 5~10kg；第 4 次在移栽后 50 天进行，此时已进入莲座期，即将现蕾，是需要肥水的重要时期，要及时重施现蕾肥，以促进花蕾快速生长，每亩可用含硫酸钾的复合肥 20kg 在距植株根部 15~20cm 处开穴深施（由于已封行，因此不便采用浇施法），施后及时扒土覆盖，并浇水湿润土壤，使肥料溶解易吸收。为促进植株健壮生长，提高花球成品率，可选用双效微肥、喷施宝、植物动力 2003 等叶面肥，在苗期、生长旺盛期、现蕾期各喷施 1 次。

（六）病虫害防治

主要虫害有蚜虫、小菜蛾、菜青虫等，可用除虫菊酯类农药喷雾防治。

（七）适时采收

当西蓝花花球长至直径 12~15cm，各小花蕾尚未松开，整个花球保持紧实完好且呈鲜绿色时为采收适期。反季节西蓝花采收期间气温较高，采收适期短，因此要分批分期及时采收，要求在 9 时前或 16 时后采收，每株带 4~5 片叶砍下，并及时送往收购点进行加工冷藏。如果要采收侧花，则采收后每亩再追施人粪尿 1 500~2 000kg，以促进植株基部腋芽长出侧花薹（俗称“二次花”），可连续采收 2~3 次供应市场。

四、甘蓝标准化栽培技术规程

（一）土壤选择

甘蓝对土壤的要求不太严格，沙壤土、壤土、黏土均可栽培；对土壤酸碱性也没有严格的要求，适应性比较广。但为了获得高产，应选择土壤有机质含量较高、土层深厚、保水保肥力较强的轻沙壤土或壤土，前茬最好为非十字花科蔬菜。

（二）栽培形式与茬次安排

甘蓝属长日照植物，但对光照要求不太严格，所以固原市境内晚春、夏、秋三季均可栽培。以垄作为主，海拔 1 800m 以下地区 1 年可进行 2 茬次生产，即一膜两用两茬次栽培模式，均采用育苗移栽。晚春栽培采用大苗定植，于 2 月下旬温室内穴盘育苗，苗龄 50~55 天，4 月中旬至 4 月下旬定植，6 月下旬上市。早秋栽培于 6 月中旬温室或拱棚穴盘育苗，此时正值高温长日照，育苗前期要注意适当遮阴，采用小苗定植，苗龄 25 天左右，于 7 月上中旬在第 1 茬原垄上定植。1 800m 以上地区 1 年只进行 1 茬次生产，于 3 月上中旬温室或拱棚内加扣小拱棚育苗，苗龄 50 天左右，4 月下旬定植，5 月上旬开始上市。

（三）品种选择

甘蓝一膜两用 1 年 2 茬次标准化栽培，品种的选择应以早熟、抗病、高产，包心紧实、抗裂为前提。当前主要可选择品种有中甘 8 号、中甘 11、中甘 21 号、小黑京早、钢头 50、黑北早、抗裂黑北早、8132、绿秀、绿玉等（附图 5-8）。

（四）栽培技术

1. 育苗

（1）品种选择。早熟春甘蓝（第一茬）栽培要选择早熟品种，生育期55天左右，结球速度快，耐寒，冬性强，耐抽薹，品质佳，产量高，效益好。常用的品种有：中甘11、8132、中甘8号、钢头50等。夏秋栽培品种可选用黑北早、抗裂黑北早、8132、绿秀、绿玉等。

（2）播种期的确定。早熟春甘蓝栽培播种期的确定十分的关键，播种期过早，苗龄大，在冬暖春寒的情况下，易春化而抽薹，播种期过晚势必影响甘蓝的早熟性，达不到早熟的目的，而且影响第2茬栽培期。因此，正确的播种期的掌握，要求20cm地温应稳定在5℃以上，气温稳定在12℃以上，按照上述要求往前推55天就是当地的适宜育苗期。固原市一般第1茬育苗期在2月下旬，采用温室穴盘育苗。在生产中，还应根据当地气候条件及育苗条件和品种熟期，灵活掌握。

（3）育苗基质、穴盘的选择。育苗基质目前种类较多，必须选用均匀的纤维粗细度，透气性好，保肥保水性强，有机质、腐殖酸含量高、无毒无菌无虫害的基质。

（4）生产中，菜农也可自制育苗基质。采用肥沃的田园土，前茬作物不是十字花科的，过筛细土占75%，充分腐熟农家肥占25%，每5m^3施入过磷酸钙1kg，或磷酸二铵0.5kg，尿素0.5kg，硫酸钾0.5kg，多菌灵、福美双、敌克松等消毒，每5m^3为20~25克。

育苗时一般选择72孔或98孔穴盘，每穴1粒种子，播深1cm。

（5）苗期管理。甘蓝穴盘育苗的管理很关键，尤其是早春育苗时洒水的次数和洒水量，水过多，容易降低基质温度，同时水大，影响发芽，容易霉籽。水分太少，苗子不能充分的吸水膨胀，内部养分不能分解，出苗缓慢或回芽死掉。因此，应参照本书育苗章节关于甘蓝穴盘育苗水分的管理措施。另外，还应按照甘蓝苗不同阶段对温度的要求，做好温度的管理，培育出健壮苗。

甘蓝壮苗标准。经过低温锻炼使幼苗达到一定的标准，叶片

6~7片，叶片厚，深绿色，茎粗壮，节间短，根系白色发达，无病虫害、无残缺，定植时子叶未脱落，顶芽还没有花芽分化。这样的苗子定植后缓苗快，结球紧实产量高。

2. 土壤及前茬选择

为达到高产、优质产品，栽培时应选择疏松肥沃的壤土、轻沙壤土，前茬作物不是十字花科的田块，最好是前茬是粮食作物的茬道。禁止甘蓝连作。

3. 施肥整地

冬前或早春土壤解冻后每亩施入腐熟农家肥3 000~4 000kg，磷酸二铵30kg，硫酸钾7kg，深旋耕30cm，使地面平整，土壤细碎。

4. 起垄覆膜、铺设滴灌带

按1.2m起垄，垄宽90cm，垄高15~20cm，垄沟宽30cm。垄做成后即可铺设滴灌带。滴灌带可选择5—贴片滴灌带或6—贴片滴灌带，壁厚0.2mm、滴头间距0.3m。每垄上按行距40cm的间距均匀铺设3道滴灌带。每条滴灌带末端用堵头或系结，不能让水流出；进水端长短要一致，便于与支管道连接。采用1.2m宽幅地膜覆盖，并用土压紧地膜四周。

5. 定植时期及密度

在春季晚霜过后，地温稳定在5℃以上时方可定植，时间在4月中下旬，选择晴天上午和15时后定植。按行距40cm，株距25~30cm，每亩定植5 000~6 000株。

6. 定植后的管理

（1）水肥管理。为便于管理，每定植1亩或同一块地定植完即接通滴灌，滴灌时间应掌握在2h左右。生产中应按照滴灌增压设备来确定，原则上应以垄上土壤充分渗透水分，垄下稍有水溢出为准。定植后15天左右进行第1次追肥灌水，每亩随水滴灌平衡性水溶肥5kg。以后适当控水蹲苗，当球叶开始抱合时结束蹲苗，并进行第2次追肥灌水，亩施肥量为6kg。此后每隔10天1次水，在包心期进行第3次追肥，施肥量同第一次。在收获前10天应停止浇水，防止裂球，以利收获运输。

（2）除草松土。定植后15天至采收前10天需中耕松土除草2~3次，有利提高地温，增强土壤通透性，促进根系发育，防至杂草生长与甘蓝争肥争水、传播病虫害。一般两次水后土壤表皮变白就应结合松土进行除草，深度达到10cm；雨后天晴也应及时松土，防止土壤缺氧。

（五）病虫害防治

（1）甘蓝黑腐病。

①症状：为害叶片、叶球；苗期发病子叶形成水渍状病斑，后渐蔓延到真叶，真叶叶脉上出现小黑点斑或细黑条；叶缘出现“V”形病斑，成株多从下部叶片开始发病，形成叶斑或黄脉，叶斑由叶缘向叶内成“V”形扩展，坏死扩大，黄褐色；病菌蔓延到茎部和根部形成黑色网状脉，导致植株萎蔫死亡。结球后的甘蓝发病时，叶球上生出淡黑色病斑，局部的叶脉变紫黑色而渐扩大，但不会软化腐败。根茎部被侵害时，导管部变黑而渐腐败，根茎内生出空洞。与软腐病不同的是病部不软化崩坏，无恶臭味。

②防治方法：适时播种，合理浇灌，防止伤根伤叶；种子消毒，用“两凉兑一开”的温水浸种20~30min后，取出经降温后播种或催芽播种，或用50%代森胺200倍液浸种15min，洗净晾干播种，也可用链霉素1 000倍液浸种2h，或用0.4%福美双拌种。

发病初期用1∶1∶200的波尔多液喷雾或抗菌剂“401”0.5kg加水300kg喷雾，或硫酸链霉素或农用链霉素、新植霉素或氯霉素4 000倍液叶面喷雾，以上药剂均在发病初期及时喷雾，可交替使用，每隔7~10天喷1次，连续喷2~3次即可。

（2）甘蓝软腐病。

①症状：甘蓝包心后，茎基部或菜心内发生水浸状软腐，以后植株枯黄，外叶萎垂脱落使叶球外露。

②防治方法：定植前深翻土层20cm，多雨季节注意排水，实

行滴灌水肥一体化；阴天及中午不要浇水，永久性蔬菜基地要与葱蒜类、茄果类作物轮作。及时防治蚜虫，及时拔除病株，并在病穴周围撒石灰封穴消毒。

发病初期使用药剂防治，喷药时应注意喷洒接近地面的叶柄和根茎部，常用下列药剂：用50%代森铵水剂800倍液，或链霉素或氯霉素4 000倍液，或抗菌剂“401”500~600倍液，每隔7~10天喷1次，连续喷2~3次。

（3）甘蓝褐腐病。

①症状：甘蓝褐腐病在全生育期均可发生，苗期常造成大面积死亡。最初根茎部发病，初期病部变褐缢缩，病菌沿病部向上下扩展，造成根茎或幼根褐变腐烂。湿度大时长有灰白色蛛丝状霉，即病原菌菌丝体。干燥条件下，病部表皮常与维管束组织离开脱落，造成叶片萎蔫下垂或干枯。成株期染病，常造成根及根颈部变褐腐烂，有时基部叶柄呈灰褐色或紫褐色腐烂坏死，且不断向上扩展，造成全株萎蔫死亡。

②防治方法：施用充分腐熟有机肥，采用穴盘基质育苗，定植时心叶露在外面，不要让土埋住；雨后及时排水，适耕时结合除草松土，摘除基部病叶。

药剂防治：发病初期用50%利克菌可湿性粉剂600倍液，或50%井冈霉素1 500倍液，或72.2%普力克水剂600倍液交替使用，7~10天1次，连续使用2~3次。

（4）甘蓝霜霉病。

①症状：主要为害叶片，成株期叶片发病，多从下部或外部叶片开始。发病初期先在叶面出现淡绿或黄色斑点，病斑扩大后为黄色或黄褐色，枯死后变为褐色。病斑扩展受叶脉限制而呈多角形或不规则形。空气潮湿时，在相应的叶背面布满白色至灰白色霜状霉层，故称“霜霉病”。

②防治方法：与非十字花科作物进行隔年轮作，合理密植，前茬收获后，清洁田园，进行秋季深翻；加强田间肥水管理，施足底

肥，增施磷、钾肥，合理追肥；苗床要注意通风透光，注意田间排水，起垄种植，雨后及时排除积水，降低田间湿度。

药剂防治：首选药剂为 2.1%诺荷 800 倍液或 50%嘧菌酯 1 000~2 000 倍液，交替使用 2~3 次，每 7~10 天 1 次，防治效果较好。其次可用 25%甲霜灵可湿性粉剂 600 倍液，或 58%甲霜灵·锰锌可湿性粉剂 600 倍液，或 72%克露可湿性粉剂 800 倍液喷雾，每 7~10 天 1 次，连续防治 2~3 次。

（5）裂球。甘蓝裂球即叶球开裂，常见的是叶球顶部开裂，有时侧面也开裂，多呈一条线开裂。轻者叶球外面几层叶片开裂，重者深至短缩茎。

①裂球原因：甘蓝结球后叶球组织脆嫩，细胞柔韧性小，当土壤水分供应过多时，细胞吸水过多发生胀裂引起叶球开裂；土壤缺水时，突然降水或浇水过多造成叶球开裂；品种特性，有些品种易裂球。一般尖头品种裂球少，圆头、平头品种裂球多；过熟的甘蓝易裂球。

②防治方法：选用不易裂球的甘蓝品种；选择地势平坦、灌排水方便、土质肥沃的地块种植甘蓝；施足腐熟有机肥，增强土壤保水保肥能力，减少水分变化对甘蓝的影响；甘蓝整个生育期要多次适量灌水，使土壤保持均匀供水，一般土壤湿度在 70%~80%为适，雨后及时排水。

（6）蚜虫。

①主要在苗期至包心期为害：蚜虫在取食甘蓝汁液的同时，还传播病毒病，导致植株出现花叶、畸形、生长缓慢，包心不紧实甚至不包心。

②防治方法：可选 20%氰戊菊酯乳油 2 000~3 000 倍液，或 2.5%溴氰菊酯乳油 2 000~3 000 倍液，或 10%吡虫啉可湿性粉 1 000~2 000 倍液，或 50%抗蚜威可湿性粉剂 2 000~3 000 倍液喷雾防治，应交替用药，防止产生抗药性。无公害蔬菜生产上可选用植物源杀虫剂，如 0.6%苦参碱 800 倍液、0.25%莨菪烷碱 500 倍

液叶面喷雾。

（7）菜青虫。

①以幼虫取食甘蓝叶片，同时其粪便污染造成为害：在幼虫4龄期以后食量最大，为害最严重，所以在防治上必须在4龄之前进行。

②防治方法：用1.8%阿维菌素乳油2 000倍液，或0.5%蔬果净700~800倍液，或25%灭幼脲3号悬浮剂1 000倍液，或0.6%苦参碱800倍液喷雾防治。

（六）适时收获

为争取早上市，在叶球八成紧时即可陆续上市供应。一般开始时3~4天采收1次，以后隔1~2天采收1次。采收后分级分等包装上市销售。外包装需注明商标名、产地、生产日期等标识。长途外销需提前预冷。

五、花椰菜标准化栽培技术规程

（一）品种选择

花椰菜包括白菜花、西蓝花、松花菜。

1. 白菜花

圣雪、开拓者，品种选择要求花球洁白、叠包、形状适应外销市场。

2. 西蓝花

耐寒优秀、绿如玉、罗拉、独秀。

3. 松花菜

庆松90。

（二）育苗

1. 采用无土基质穴盘育苗

用干籽播种或催芽播种，催芽播种时种子用20~25℃温水浸种3~4h，洗净后用湿布包住，置于20~25℃环境下催芽，种子萌动尚未露芽即时播种。

2. 苗期管理

（1）水分管理。播种后保持地面湿润，温室或小拱棚内空气湿度保持在80%以上。出苗后降低土壤及空气湿度，第1片真叶出现后，土壤保持见干见湿。

（2）温度管理。播种后白天棚温18~22℃，夜间8~12℃。

（3）其他管理。苗齐后，再覆1cm细土，弥缝保墒，并逐渐增加通风量，尽量延长见光时间，注意观察下胚轴伸长速度，如发现徒长，即时控水或降温。

（4）炼苗。株高10~12cm，4~5片叶定植，定植前10天开始炼苗，白天逐渐揭开温室棚膜，使幼苗直接见光，直至全天见光后无萎蔫现象方可定植。

（三）定植

1. 整地施肥

要求土壤肥沃疏松，深耕30cm，每亩施腐熟有机肥5 000kg，磷酸二铵20kg，作底肥，耕翻后耙平，起垄，覆膜，如土壤熵情不足，需先浇水再耕翻，要求土壤细碎湿润。

2. 定植

按行距50cm，株距30cm在垄面开穴，坐水定植，先打孔再浇水，水下渗后，将苗放入穴中覆土稳苗。亩定植苗5 000株。

（四）田间管理

1. 温度管理

花椰菜营养生长的适温为22~24℃，花球生长期适温为15~18℃。

2. 水分管理

定植后需即时浇足定植水，2~3天后中耕松土，提温保墒，以后视土壤墒情，一般7~10天浇1次水，保持土壤湿润，浇水时水量不宜过多。

3. 追肥

7~8叶追第1次肥，每亩追尿素10kg，最好是在距植株根部

10~12cm 处扎穴，灌入化肥后封土。营养体基本长成，花球开始形成时追第2次肥，亩施尿素13kg，方法同第1次追肥，但扎穴部位距根部15cm左右。

4. 根外追肥

在未封垄前，7~10天喷施1次磷酸二氢钾、硼砂等微肥。

（五）采收

花球长至0.75~1kg，留2~3个心叶切割花球，套袋装箱，采收时防止创伤。

（六）病虫害防治

1. 虫害（小菜蛾、蚜虫、小地虎幼虫）

（1）小菜蛾。小菜蛾是花椰菜苗期的主要虫害，可用1.8%阿维菌素乳油（0.36g/亩），叶面喷雾防治1次。

（2）蚜虫。用10%吡虫啉（0.8g/亩），叶面喷雾防治1次。

（3）小地虎。小地虎幼虫是花椰菜结球期的一大虫害，往往把花球钻得千疮百孔，幼虫粪便将洁白的花球污染得不堪入目，完全失去了商品性，因此要早防、严防，可选用2.5%溴氰菊酯乳油90~100mL，或50%辛硫磷乳油500mL加水适量，喷拌细土50kg，每公顷300~375kg，顺垄撒施于幼苗根际附近。

2. 病害（霜霉病、黑腐病）。

（1）霜霉病。属于真菌性病害，该病在秋季湿度大时易发作。防治方法：用75%百菌清可湿性粉剂（80g/亩）喷雾治疗。

（2）黑腐病。属于细菌性病害，在遇高温多雨天气发病重。防治方法：用72%农用硫酸链霉素可溶性粉剂（12g/亩）喷雾治疗。

六、菜心标准化栽培技术

（一）品种选择

菜心品种依据成熟期不同分为早熟、中熟、晚熟三种。品种包括宁夏菜心、广东迟菜心、增城迟菜心、白菜薹、龙牙菜心、夏阳白菜心等（附图 5-9）。

（二）栽培技术

1. 直播栽培

起垄高度 15cm，垄宽 1～1.2m，种子撒播，播后用钉耙在垄面上轻拉 1 次，将种子拉入地下 0.5～1cm 处，一般直播亩用种量 300～500g。直播栽培简便省工，但直播菜薹大小不均匀，易空心，抽薹不整齐，菜薹色泽较淡，品质差，且生长占地时间比较长，土地利用率低，用种量也多。

2. 移植栽培

采用基质穴盘育苗，苗龄 18～22 天，亩用种子约 70g。育苗移栽可提高土地利用率，植株生长整齐，收获期集中，菜薹生长均匀，品质好。节省种子，但移植费工，要求技术也高。一般中、迟熟菜心栽培采用此法。

3. 土壤消毒处理

播种前可用 75%百菌清可湿性粉剂 800～1 000 倍液喷雾或移植之前淋湿畦面。

4. 田间管理

（1）施肥。以底肥为主，要施足基肥外，必须追肥。厩肥等作基肥。基肥可用腐熟的既肥、生物有机肥，结合每亩可用 20kg N、P、K 复合肥，而追肥在定植之后，要做到早施、勤施，一般 4～5 天追肥 1 次。结合喷水追肥可用速效氮肥，以 N 肥为主，如尿素，同时加入磷钾肥，也可用腐熟人粪尿或花生麸等。

（2）喷水。菜心对水分要求较严，必须正确掌握喷水方法和时间，喷水时应使水滴均匀地洒在畦面和叶面，应避免水点过大，一般晴天早晚要各喷 1 次水，炎热天气 11 时应再喷 1 次“过午水”。

（3）间苗。直播栽培植株长到 4～5cm 时，应及时间苗，株距控制在 5cm 左右。

（三）病虫害防治

1. 病害

（1）花叶病（病毒病）。菜心感染后，首先在新长出的嫩叶上产生明脉症，随后呈花叶症状，病叶畸形，植株矮化。防治方法：选用抗病品种，尽量不与感病白菜、菜心连作；清除前作残余和杂草，消灭蚜虫传染源。

（2）丝状菌核叶片腐烂病。6—8 月高温多雨天气易发生，为害叶片。初呈水烫状湿腐病斑，扩大后变为不整形，干燥后变为灰白色，在湿腐处密布蛛网状菌丝体，后变为棕褐色的菌核，易传染蔓延。防治方法：用 25%多菌灵可湿性粉剂 600 倍水溶液喷施。

（3）细菌性软腐病。病害多从伤口入侵。初呈透明水渍状，2~3 天后变成灰色或褐色，表皮稍下陷，上面有白色细菌黏液，腐烂后放出特殊臭味，易从伤口侵入。防治方法：用 25%DT 杀菌剂或铜制剂可湿性粉剂 800 倍水溶液喷施。

（4）霜霉病。各播种期均可发生，以晚秋及早春为害较多。为害叶片病斑，初呈淡绿，后因叶脉限制而成为多角形，淡黄绿色，后变为暗褐色。防治方法：清洁田园，减少菌源，用波尔多液或 75%百菌清可湿性粉剂 800 倍液、58%瑞毒霉 500 倍液喷雾叶背和叶面。

2. 虫害

（1）黄条跳甲虫。幼虫生活于土壤中，为害根系，成虫为害茎叶。菜心早期被害，对幼苗为害较大。防治方法：清洁田园，除去前作老叶枯茎，翻耕整畦时撒石灰灭幼虫。药剂可用巴丹 1 500 倍水溶液，早晚喷药，喷药要全面。或用米乐尔每亩 1~2kg，播种前撒于土壤中。

（2）蚜虫。秋季干旱时为害严重，为害菜薹和花，还可传染病毒病，可用 20%速灭杀丁 800 倍或康福多 2 000 倍水溶液喷杀。

（3）菜青虫。成虫产卵于叶背，分散产卵，秋季和春季为害严重。

此外，还有小菜蛾、斜纹夜蛾等，可用20%兴棉宝1 500倍液，或抑太保1 500倍液、爱比菌素2 000倍液等药剂喷杀。

（四）采收

菜心采收时，以菜薹“齐口花”为标准，太早收产量低，迟收，则品质差。采收时，可用小刀从茎伸长处切断。收获菜薹宜在早晨进行，收后可在上面洒些水，保持湿润。一般早熟种收获期较短，迟熟种收获期较长，最长为10~15天。

七、芥蓝标准化栽培技术

（一）品种选择

主要品种有红芥蓝、中华青芥蓝。

（二）栽培技术

1. 整地作畦

先耕翻1次地后，撒施腐熟有机肥2 000~3 000kg为底肥。然后进行旋耕，使粪土掺匀后做成1m宽畦，整平地面，浇透底水，等水渗后就可以撒种子。

2. 播种育苗

（1）育苗栽移。采用基质穴盘在温室育苗，将空苗盘覆盖营养土后，浇透底水，再点入芥蓝籽，每2~3天浇1次水，气温保持在25~30℃，苗龄35天左右，5~6片真叶时即可定植。夏季育苗，出苗和苗期生长创造凉爽、温润的环境。应覆盖遮阳网，出苗后应及时搭架遮阳，保持土壤湿润。育苗有利于培育壮苗，移栽时选用好苗，促使田间缓苗，生长整齐；有利于提高菜薹的质量和产量，具有缩短生产时间、提高经济效益的优点。

（2）种子直播。以条播为主。早熟品种划5条沟，中熟品种划4条沟条播，行距以品种而定，以收主薹为主的品种，行距为15cm左右，兼收侧薹，行距为30cm。芥蓝每亩播种量一般在150~200g。芥蓝种子播后，需要覆土厚0.2~0.5cm，播种后可用遮阳网遮阴，一般播种后2~3天出苗，出苗后2~3天，及时撤掉遮阳网，种子出苗7~8天后即可间苗，当幼苗长出4~5片真叶应及时定苗，苗距7~8cm。

3. 定植芥蓝

定植时宜选晴天下午进行，随拔随栽，确保生长整齐，收获期集中。定植密度应根据品种、栽培季节、采收期长短及管理水平而定。定植密度为（15~30）cm×（15~30）cm，早熟品种宜密植，晚熟品种宜疏植。定植后喷足定植水。

4. 田间管理

（1）喷水。定植后必须喷透水，促进发新根，使其迅速恢复生长，生长期间经常保持80%~90%的土壤相对湿度。芥蓝叶面积较大，从叶片可以看出其需水情况，如叶片鲜绿、油润、蜡粉较少，是水分充分的标志；叶面积较小、叶色淡、蜡粉多，则是缺水的表现，应及时喷水。每次追肥后，也应及时灌水，便于根系对养分的吸收。在叶丛生长期直至现蕾前要适当控制浇水，而中后期，进入菜薹形成期和采收期时，需要增加喷水的次数。雨后应注意排水。

（2）追肥。芥蓝植株叶面积大，须根发达，分布浅，菜薹的延续采收期也较长，营养生长的消耗较大，吸收养分多，因此，加强肥水管理是保证产量、质量的关键。追肥要掌握4个关键时期：一是定植后1周左右开始追肥，每亩追施尿素2kg、氯化钾（或硫酸钾）3kg；二是花芽分化期（6~7叶期），每亩追施尿素6kg、氯化钾10kg；三是在植株现蕾后的菜薹形成期，菜薹与叶片同时生长，是需要养分和水分最多的时期，要加强肥水管理，增加施肥的次数和浓度。

（三）病虫害防治

1. 芥蓝病害

主要有黑腐病、霜霉病、病毒病和软腐病。

高温多雨季节或雨后采收，切口处易诱发黑腐病和软腐病。因此，切口要平滑而倾斜，避免积水。目前，较有效的药物防治方法是用药剂拌种，用种子重量的 0.4%的 DT 可湿性粉剂拌种后播种，可大大减少初侵染来源，从而减轻发病。田间个别植株零星发病时，可及时喷洒 100~150μL/L 农用链霉素，或用 50%DT 可湿性粉剂 500 倍液喷洒。

霜霉病由于低温高湿易发生。发病初期可用杜邦克露 600~800 倍液，或 64%杀毒矾可湿性粉剂 500 倍液，或 75%百菌清可湿性粉剂 600 倍液防治。

2. 虫害

主要有菜粉蝶、小菜蛾、甘蓝夜蛾、黄条跳甲等。可采取以下综合防治技术：注意清洁田园；采用生物农药 Bt 乳剂 1 000 倍液喷雾防治菜粉蝶、小菜蛾等鳞翅目害虫。或用 2.5% 功夫乳油 2 000 倍液、20%灭扫利乳油 3 000 倍液于虫卵孵化盛期喷雾防治。

（四）收获

芥蓝的产品是主花薹和侧花薹，为了保证产品优质、丰产，必须做到适时采收。当主薹生长高度与外叶生长高度相平时，主薹粗度为 1.5cm 左右，长度 15~20cm，色泽油绿，新鲜，薹叶细小，脆嫩不老，无病虫害，此时为采收期。

采收主薹时，在基部 5~7 叶节处斜着向下用刀割下，保留基叶 4~5 片，以利于叶芽发生而形成侧薹。如果留的过长，发生侧薹多，生长细弱，品质不佳。一般每亩可收菜薹 2 500kg 左右。在主菜薹采收后 20 天左右，侧薹生长到 17~20cm 时，应在第 1、第 2 叶节处割去第 1 次侧薹，以后还可以生长出多级侧薹，继续采收。

八、胡萝卜标准化栽培技术

胡萝卜是西吉县大面积种植的露地冷凉蔬菜种类之一，产品肉质根外观光滑整齐，营养丰富，经济效益显著，产业潜力巨大（附图 5-10）。

（一）选地

胡萝卜根系发达，要求土层深厚的沙质或黄壤土，pH 值 5~8 均可栽培。要求土壤湿度为土壤最大持水量的 60%~80%。过于黏重的土壤或施用未腐熟的基肥，都会妨碍肉质根的正常生长，产生畸形根。

（二）整地施肥

前茬收获后，亩施 3 000kg 以上腐熟优质有机肥，适量加入氮磷钾复合肥和速效氮肥。及时翻耕，深度 25~30cm，然后细耙 2~3 遍，整平耙细。胡萝卜可以高垄条播亦可以平畦撒播。引进胡萝卜起垄、点种、铺设滴灌带一体机种植胡萝卜，点种精量，除草便利，便于机械采收。

（三）适期播种

胡萝卜种子为果实，表面有刺毛，妨碍种子吸水，且易黏结成团不便播种，所以播种前要将刺毛搓去。条播每亩用种 0.75kg 左右；撒播 1.5~2kg。为使胡萝卜出苗快而整齐，也可进行浸种催芽，催芽一般可提前出苗 3~4 天。

（四）田间管理

1. 间苗

胡萝卜间苗宜早，幼苗长到 1~2 片真叶时进行第 1 次间苗，除去过密的弱苗，保留健苗，苗距 3~4cm。4~5 叶时定苗，每亩留苗数，大型种 10 万株左右，中、小型种 20 万株。

2. 除草

胡萝卜幼苗期生长缓慢，杂草生长迅速。因此，及时除草是保证苗全苗壮的关键。一般结合间苗进行中耕除草，亦可用除草剂灭草。常用除草剂有除草醚（25%），每亩 0.75~1kg，于播后发芽前喷雾处理土表，也可用除草剂 1 号（5%），每亩用量 100~150g，或扑草净（50%）100g，兑水 50~60kg。

3. 水分管理

胡萝卜虽然具有较强的耐旱能力，但仍必须合理供给水分和养分。从播种到出苗，应连续浇水 2~3 次保证顺利出苗。幼苗期需水量不大，应保持水分适中。进入叶部生长盛期，要适当控制水分，加强中耕，保持地上部与地下部平衡生长。肉质根肥大期，也是对水分需求最多的时期，应及时浇水，经常保持土壤湿润。若浇水不足，则肉质根瘦小而粗糙，品质差。若供水不匀，则易引起肉质根开裂。

4. 施肥

胡萝卜生长前期养分吸收很慢，随着肉质根迅速生长，才大量吸收养分。每生产 1 000kg 产品，约吸收氮 3.2kg、磷 1.3kg、钾 5kg。因此，除施足底肥以外，在其生长期间还应追肥 2~3 次，第 1 次在破肚前后，每亩追施硫酸铵 10~15kg，以后隔 20~25 天，进行第 2 次和第 3 次追肥，每次施复合肥 25~30kg。此外，胡萝卜对新鲜厩肥和土壤溶液浓度过高都很敏感，如果用新鲜厩肥或施肥量过大，易发生叉根。

（五）病虫害防治

1. 虫害防治

胡萝卜虫害较少，主要是地下害虫和蚜虫为害，地下害虫防治方法为：选用 50%辛硫磷乳油 100mL 拌谷糠、谷秕、玉米碴、麦麸等 1~2kg（用锅炒熟）拌毒饵，播种时顺垄沟撒施，或在旋耕前均匀撒施床面，可防治金针虫、蝼蛄、蛴螬、蒙古灰象甲、四绒金龟甲等害虫；选用 3%辛硫磷颗粒剂或地虫克星 2~3kg 播种时顺垄沟撒施或在旋耕前均匀撒施床面；选 50%辛硫磷乳油 100g，加水 50~60kg，覆膜前均匀喷在床面上。蚜虫用杜邦万克灵 600 倍液，或用 10%吡虫啉可湿性粉剂 1 500 倍液喷雾防治。

2. 病害防治

（1）真菌病害。

①黑腐病：肉质根受害，形成不规则形或圆形，稍凹陷的黑色病斑，上生黑色霉状物。

②黑斑病：主要为害叶片。病斑多发生在叶尖叶缘。病斑呈不

规则形，褐色，周围组织略褪色，病部有黑色霉状物。

③防治方法：发病初期可用45%的施保克1 500倍液，或50%扑海因可湿性粉剂1 000倍液，这两种药剂交替使用，每隔7~10天1次，连续喷2~3次。

（2）细菌病害。

①软腐病：病状，在低温潮湿，多年连作、虫蛀为害块根等易发生病，主要是腐烂变质、有腥臭味。

②防治方法：77%可杀得可湿性粉剂2 000倍液或78%万家800~1 000倍液灌根，隔7~10天灌1次，共防2~3次。

（3）生理病害。

①主要是分叉、弯曲、须根、开裂、变色等。

②发生原因：耕作层太浅，土壤粗糙且有石块，或施用未腐熟有机肥，混有塑料布等易导致分叉、弯曲；土壤黏重不易透气，易产生瘤状突起、须根；生育期间水分供应不均匀，忽干忽湿，易导致裂根的增加；根膨大期正处于7、8月高温期，如果耕层太浅、不注意培土，易导致胡萝卜素、茄红素的积累受阻，产生颜色变异，发白或发黄。

③防治方法：应选择土质疏松肥沃、灌排水条件较好的沙壤土地；同时，注意耕作层深度不低于25cm，底肥施用腐熟有机肥，清除田间石块、塑料布等杂物，生育期间供水均匀，并在肉质根膨大初期注意培土。特别注意在长时间干旱的情况下，严禁大水漫灌，要隔行浇水，时间在早上或太阳落山以后，以防止肉质根开裂。

（六）适时收获

当肉质根充分膨大，达到商品标准，适时收获。收获过早或过晚都会影响肉质根的商品性，从而影响产量及效益。胡萝卜生育期达到85天，新黑田五寸参生育期达到90~95天，肉质达到18~20cm，根重200~250g，肉质根尖变得钝圆时应及时收获，以获得品质佳的成品。收获时选用无污染的工具、包装物、储存场所、运输工具，尽量不要伤根，胡萝卜起出后应立即覆土，以保持胡萝卜品质不变。

九、蒜苗标准化栽培技术规程

蒜是须根系作物，根系主要分布在 20cm 左右的表土层内，对肥水较为敏感，有喜温怕旱、喜肥的特点。因此种植蒜苗是芹菜轮作倒茬、解决连作障碍的有效途径。

（一）蒜苗播种

1. 品种选择

蒜苗选择紫皮一号品种，硬实、饱满、蒜辫肥大、均匀、无病虫害的蒜头做种，蒜头亩用种量在 350kg。蒜辫要进行严格分级，实行分级播种，可使植株生产一致，有利于管理和夺取高产。否则，蒜瓣大小粒、秕粒与饱满健壮粒混种，出苗不一致，产品产量低，商品差，产品分拣难度大。

2. 深耕施肥

通过秋深耕（耕深 25cm 以上），施腐熟农家肥 8 000kg，磷酸二铵 25～30kg，硫酸钾 15～20kg。农家肥必须是充分腐熟的农家肥，不充分腐熟的肥料养分不能充分利用，还会引发虫害（生蛆），严禁将肥料撒施土表。

（二）蒜苗适时播种，合理密植

1. 适时播种

蒜苗播种 9 月 20 日至 10 月 15 日播种为宜。播种早，蒜苗发芽出土，越冬易受冻害且易发生蒜头早膨大、抽薹失去商品价值。

2. 起垄

采用起垄机起垄，垄面 120cm，垄沟 40cm。要求垄面平整、细绵、无土坷垃，用专用开沟器开播种沟。

3. 合理密植

蒜苗种植行距 15cm、株距 4cm，亩保苗 10 万株，采用人工插栽种植，将蒜种瓣以蒜尖向上、蒜蒂向下插入土中，插种深度以蒜尖微露为宜，将表土稍微压实，使蒜瓣与土壤紧密接触，以防止倒苗。播种后，并浇足定根水，以利蒜头吸水膨胀，促进发芽发根，出蒜快而齐整。

4. 铺设滴灌带

蒜苗播种结束后及时抹平垄面，铺设滴管设施，滴灌带间距35cm，两边距垄边小于20cm。

（三）蒜苗田间管理

1. 追肥

蒜苗对氮磷钾三要素的需求量比较接近。根据其吸收肥料的特点，施肥量要多次少施，浓度由稀到浓，特别是幼苗期施肥浓度切忌过高，以免伤根伤叶。一般苗期施肥每隔 10 天施肥 1 次，以流质肥料施用为主，以后每隔 15 天施肥 1 次，亩撒施复合肥料 7.5~10kg。施肥应选择晴天下午进行，每次追肥都要结合浇水进行，而且水量充足，以防止灼叶和尿素灼根情况出现。

2. 水分管理

蒜苗根系浅生，分布范围小，分布浅，根毛少，吸水吸肥能力较差，遇缺水时叶片易干焦，容易影响蒜苗的品质和产量。因此，在蒜瓣发芽出土后，一般 7~10 天浇水 1 次，经常保持土壤湿润。

3. 中耕除草

大蒜出苗后如果土壤板结、杂草丛生，应结合除草进行中耕，当苗高 10~13cm，有 2~3 片叶时进行第一次中耕，苗高 26~33cm 有 5~6 片叶时进行第二次浅中耕。对株间难以中耕的杂草也要及早拔除，以免与蒜苗争肥。

（四）蒜苗病虫害防治

蒜苗病虫害主要有灰霉病、叶枯病、蒜蛆等发生。防治上应坚持“预防为主，综合防治”的植保方针，具体防治方法如下。

1. 管理

在管理上施足基肥外，应适当增施磷钾肥，防止偏施氮肥，提高植株抗病能力。

2. 病虫害防治

在大雾来临前1天或大雾当天待蒜苗叶片雾水干后，可用70%甲基托布津可湿性粉剂500倍液喷雾。灰霉病和叶枯病可用70%甲基托布津可湿性粉剂500倍液，或75%百菌清可湿性粉剂600倍液，或64%杀毒矾可湿性粉剂500倍液防治，每隔7~10天喷施1次，连续喷2~3次。蒜蛆用蒜蛆一遍净或48%乐斯本乳油1 500倍液、52.5%农地乐乳油1 500倍液、50%辛硫磷800倍液灌根，每7~10天1次，连续2~3次。

（五）蒜苗采收

蒜苗生长到上市标准后即可采收，西吉冬蒜苗采收时间6月初至6月中旬。采收标准：蒜头即将膨大，株高40~50cm，基部粗2cm以上，采收不宜过晚，过晚蒜苗老化或蒜头膨大失去商品价值。

（六）及时复种红笋

冬蒜苗采收后及时进行土壤翻耕，适当晒垡起垄。复种红笋播种期6月中旬至7月底，具体可根据上市时间确定，最晚播种不超过8月，否则植株生长不良、易遭受霜冻。起垄采用旋耕、起垄、镇压、铺滴灌带、覆膜五合一起垄机起垄。垄面120cm、垄沟40cm。

1. 红笋播种

西吉地区种植红笋以红鼎5号为主，每垄种植4行，株距25cm，每穴播种4~5粒种子，亩保苗7 000~8 000株为宜。

2. 红笋田间管理

（1）及时浇出苗水。红笋播种后及时浇出苗水，并保持田间湿润，保证红笋出苗良好。

（2）间定苗。红笋出苗3叶1心每穴留生长健壮苗1株。

（3）严防红笋发生徒长。红笋生长过程中易发生徒长现象，红笋7叶期（高度25cm左右，基部增粗始期为起盘）喷施多效唑控制徒长，采用25%悬浮剂20mL加水16L，5~7天喷施1次，连喷3~5次。

（4）水肥管理。红笋全生育期追肥 3 次，施肥使用溶解度高的化肥，随水追施，亩施 N 5kg、P_2O_5 10kg、K_2O 5kg。

3. 病虫害防治

70%甲基托布津可湿性粉剂 500 倍液喷雾预防真菌性病害。灰霉病和叶枯病可用 70%甲基托布津可湿性粉剂 500 倍液或 75%百菌清可湿性粉剂 600 倍液或 64%杀毒矾可湿性粉剂 500 倍液防治，每隔 7~10 天喷施 1 次，连续喷 2~3 次。

4. 采收

红笋生长到茎高 55~60cm、茎粗 5cm 以上时及时采收、分拣上市。

十、萝卜标准化栽培技术规程

（一）土壤选择

萝卜对土壤的要求不太严格，除盐碱地不易种植外，其他土壤均可种植。为了获得高产、优质的产品，应选择土层深厚、疏松、排水良好、比较肥沃的壤土、轻沙壤土为好。禁连作、禁十字花科的蔬菜作前茬。

（二）栽培方式及茬次安排

萝卜可单作，也可与其他蔬菜间作套种，或在其他作物边埂上点播。以萝卜单作为例。固原市露地普遍的单作栽培茬次一般为夏、秋 1 年 2 茬次。近年来，随着设施农业的迅猛发展，各地广大菜农为了轮作倒茬和丰富早春当地市场萝卜供应，已广泛开展设施春提早萝卜—辣椒、春提早萝卜—番茄等栽培模式。

1. 露地栽培茬次安排

夏萝卜在 4 月中旬至 5 月上旬播种，7 月上旬收获；秋萝卜在 7 月中旬播种，9 月下旬收获。

2. 设施春提早栽培

2 月下旬至 3 月上旬播种，4 月下旬至 5 月上旬收获，辣椒或番茄于 2 月下旬温室内育苗，5 月中旬萝卜收获后定植。中后期加强肥水管理，可秋延后到10月下旬拉秧。

（三）栽培技术

1. 品种选择

白萝卜品种选用世龙白春、剑春 、YR幸运等；青头萝卜品种选用春夏长—日本青头萝卜、贵州青头萝卜、韩国顶上盛夏萝卜、青头816等；红心萝卜品种选用东北红萝卜、王兆红大萝卜、辽阳大红袍、海城灯笼红等（附图5-11）。

2. 土壤及前茬选择

根据不同的品种选择栽培地块，白萝卜、青头萝卜个头大，入土深，要选择耕作层较深厚的土壤，水资源要充足；红心萝卜、水萝卜可选择土层较浅的地块。萝卜最好的前茬为瓜类或豆类茬，其次为禾本科作物。

3. 施肥整地

种萝卜的地须及早深耕，打碎耱（旋）平，最好采取深松耕，深度要在30~35cm。采取深沟高畦或垄作，以利排水。萝卜施肥要以基肥为主，并注意磷、钾肥的配合。一般在播种前施入充分腐熟的农家肥2 500~3 500kg，颗粒磷肥40~50kg，尿素15kg，硫酸钾7kg，或氮、磷、钾复合肥70~80kg，或硫酸钾10kg，磷酸二铵25kg作基肥。施肥要力求达到均匀，施肥后用旋耕机旋地，使肥土混合均匀，有利于吸收根对养分和水分的吸收，从而使叶面积迅速扩大，肉质根加速膨大。

4. 作畦、起垄

播前结合整地作畦、起垄。一般设施春提早栽培采用垄作，露地栽培采用畦作，也可采用垄作。垄宽70cm，垄高15~25cm，垄距40cm；露地畦作可做成宽2m、长10m的大畦，以便于排、灌水为好。

5. 播种

白萝卜、青头萝卜株距20~25cm，垄作每垄双行，垄上呈三角形挖穴，每穴点播种子3~5粒，播后覆土厚度2cm左右，每亩保苗6 000株左右；红心萝卜、水萝卜株距15cm，垄作每垄3行，每穴点播种子3~5粒，播后覆土厚度1.5~2cm，每亩保苗12 000株左右。

为使萝卜出苗整齐、苗全、苗壮，播种前应精选种子，只用饱满、健全的种子，淘汰瘪、碎、霉变的种子，并在播种前将种子摊放在非水泥地面上晾晒一天，出苗快、出苗整齐。

6. 田间管理

（1）间苗。幼苗出土后有2片真叶时要及时间苗，否则会发生遮阳徒长。一般间苗2次，第1次在2~3片真叶时，拔除生长细弱、畸形和病虫为害的苗，第2次间苗在幼苗4~5片真叶时，选具有原品种特性的植株定苗，定苗时每穴留1株即可。

（2）中耕、除草。由于萝卜生长要求土壤中空气含量高，必须始终保持土壤疏松，所以必须适时进行中耕，结合中耕除草。大面积种植，宜采用行间松土除草机进行作业，可大大减少投入成本。

（3）追肥。白萝卜、青头萝卜属大中型萝卜品种，生长期较长，在播前施足基肥的基础上，应适当施追肥，尤其是对土壤肥力较低、基肥不足的地块，追肥能明显提高产量。一般追肥2次，在萝卜莲座期，为促进叶面积扩大，亩追施尿素10kg；进入肉质根膨大期，亩追施三元复合肥15kg。

（4）浇水。萝卜应分5个时期进行不同的水分管理。

①发芽期：水分要充足，播种后，若天气干旱，应立即浇1次水，开始出苗时再浇1次水，使土壤含水量在80%以上，以保证出苗快而齐。

②幼苗期：保证土壤表面始终为湿润状态，土壤含水量60%左右，掌握少浇勤浇的原则，在第2次间苗后要蹲苗，以便使直根下扎。

③叶生长盛期：此期需水较多，要适量多浇水，始终保持土壤湿润。

④叶生长后期：此期要适当控水，防叶片徒长，影响肉质根生

长。土壤表皮不变白不浇水。

⑤根生长盛期：此期应充分均匀浇水，切忌土壤忽干忽湿，以防裂根，土壤含水量维持在70%~80%，直到生长后期仍需浇水，以防空心。

（四）病虫害防治

萝卜病害主要有霜霉病、病毒病、软腐病和黑腐病。虫害主要有黄条跳甲、蚜虫、菜青虫、小地老虎。

1. 主要病害

（1）霜霉病。

①症状：病初叶上生淡绿色水浸状小斑点，扩大后病斑受叶脉限制形成多角形或不规则形，淡黄色至黄褐色。湿度大时，叶背或叶两面长出白霉。后期病斑连片引起叶片干枯。叶缘上卷是其重要的特征。根部发病，受害部位表面产生灰褐色或灰黄色稍凹陷的斑痕，储藏时极易引起腐烂。

②防治方法：发病初期可选53%金雷多米尔600倍液、72%甲霜灵锰锌500~600倍液、2.1%丁子—香芹酚600倍液、70%安泰生500~700倍液喷雾。可选2~3种药剂交替使用2~3次，7天1次。

（2）萝卜花叶病毒病。

①症状：萝卜感病后，叶片表现为淡绿色至黄绿色花叶，有的叶片上沿叶脉的细脉呈现出浓绿色的线状凹凸，叶片扭曲，外围的老叶变黄，叶面皱缩变形。

②防治方法：及时防治蚜虫，防止传播病毒。早期可使用1.5%的植病灵500倍液或20%的病毒A可湿性粉剂500倍液或2%宁南霉素200倍液喷雾，7天1次，连喷2~3次。

（3）软腐病

①症状：主要为害根茎、叶柄和叶片，但根部受害最重，根部染病先从根尖向上部扩展，呈褐色软腐，心部软腐溃烂成一团。

②防治方法：增施磷、钾肥和有机肥，合理施用氮肥；注意田间不要积水。发现病株及时拔除带出田外深埋，并在病穴周围撒生

石灰封穴。发病前或发病初期，用30%氧氯化铜悬浮剂600~800倍液或72%农用硫酸链霉素可溶性粉剂4 000倍液进行灌根处理，每株0.3~0.5kg，隔10天1次，连续灌2~3次。

（4）萝卜黑腐病

①症状：叶片发病，叶缘多处产生黄色斑，后变“V”形向内发展，叶脉变黑呈网纹状，逐渐整叶变黄干枯。病原沿叶脉和维管束向短缩茎和根部发展，最后使全株叶片变黄枯死。根部受侵染，维管束呈放射线状变黑褐色，重者呈干缩空洞（附图7-22）。

②防治方法：用50℃温汤浸种30min或福美双100倍液浸种2h后用清水淘洗1遍，晾晒干播种。发病初期可用新植霉素4 000倍液或农用链霉素3 000~4 000倍叶面液喷雾，每10天喷1次，连喷2~3次。

2. 主要虫害

（1）黄条跳甲。

防治方法：在成虫发生盛期每亩选用2.5%功夫乳油1 500~2 000倍液或2.5%敌杀死乳油4 000倍液或48%乐斯本1 000~1 500倍液等喷杀。幼虫期可结合灌水用90%敌百虫500倍液灌根。

（2）小地老虎。0.38%苦参碱粉剂，每亩使用制剂2 500~3 000g，穴施。

（3）蚜虫。当有蚜每株有达到3~5头时，可用10%吡虫啉2 000倍液或1.5%苦参碱1 500倍液交替喷施，7天1次。

（4）菜青虫。田间有菜青虫成虫活动时，用10%氯氰菊酯乳油1 000倍液或2%甲基阿维菌素苯甲酸盐2 000倍液或0.5%蔬果净700~800倍液或1.5%苦参碱1 500倍液，喷雾防治。

（五）适时收获

萝卜的收获按照品种和上市期而定。收获过早产量低，收获过晚肉质根品质变劣，引起空心。当叶色转黄褪色时，肉质根充分膨大，基部圆钝，即达到商品标准，此时即可收获。

主要参考文献

郭凤领，邱正明，2016. 蔬菜高效茬口模式［M］. 武汉：湖北科学技术出版社.
李天来，2013. 日光温室蔬菜栽培理论与实践［M］. 北京：中国农业出版社.
万江红，李世云，2017. 现代农业综合实用技术［M］. 北京：中国农业科学技术出版社.

领导关怀（一）

附图1-1　自治区政府主席咸辉、固原市委书记张柱调研蔬菜产业

附图1-2　自治区党委副书记姜志刚调研蔬菜产业

附图1-3 自治区政府副主席、固原市市长马汉成调研辣椒产业

附图1-4 自治区农业农村厅厅长王刚参观固原市蔬菜展区

附图1-5 前市委书记纪峥调研

附图1-6　前市委书记李文章调研

附图1-7　前市委书记刘小河调研

附图1-8　自治区园艺站站长蒋学勤调研供港蔬菜

产品推荐（二）

附图2-1　2010年推介会

附图2-2　2012年冷凉蔬菜节

附图2-3 2014年蔬菜节

附图2-4 2017年推介会

附图2-5 2018年推介会

附图2-6　2019年推介会

附图2-7 2019年推介会现场

附图2-8　2019年推介会现场

附图2–9　红河辣椒展销会

附图2-10　辣椒推介会

品牌（三）

中国特产协会

CHINA ASSOCIATION OF NATIVE SPECIAL PRODUCT

中国特产之乡

授予：宁夏回族自治区固原市

中国冷凉蔬菜之乡

荣誉称号。

编号：中特证字0140708

中国特产协会

附图3-1　冷凉蔬菜之乡

附图3–2　六盘山冷凉蔬菜标志

附图3-3　西芹产业之乡牌

附图3-4　西芹无公害示范县

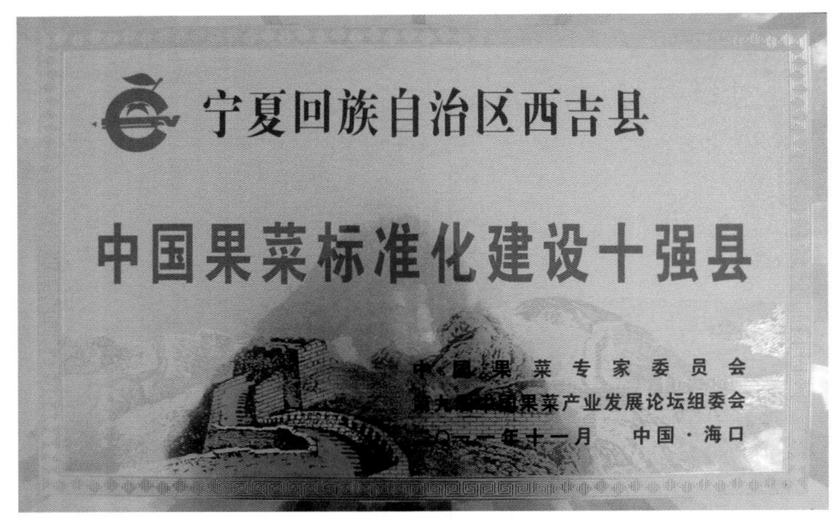

附图3-5　中国果菜强县

宁夏回族自治区彭阳县　　No：00500

中国辣椒之乡

中国特产之乡推荐暨宣传活动组织委员会

主　任：杨汝岱

颁发日期：2013年2月·北京（有效期二年）

附图3-6　中国辣椒之乡

证书

宁夏回族自治区西吉县:

中国西芹（产业）之乡

全国高科技食品产业化委员会
2010年12月

附图3-7　中国西芹（产业）之乡

附图3-8　西芹商标

附图4-1 千亩有机芹菜示范基地

附图4-2 辣椒育苗

附图4-3 辣椒生产

附图4-4 菜心生产

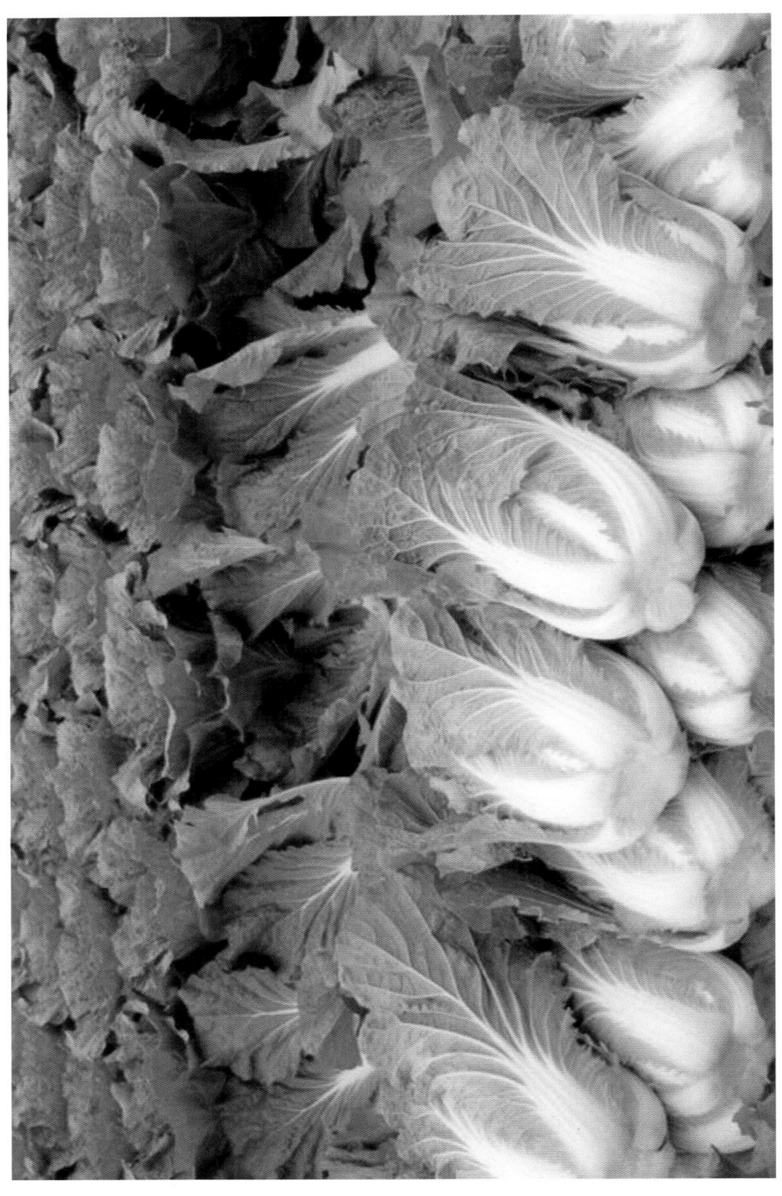

附图4-5　大白菜生产

附图4-6　花椰菜生产

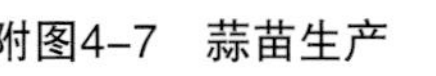

附图4-7 蒜苗生产

附图4-8 温室西红柿

附图4-9 温棚黄瓜

附图4-10　日光温室甜瓜

附图4-11　日光温室园区

附图4-12 拱棚园区

附图4-13　水泥拱架拱棚

附图4-14　拱棚小型机械整地

附图4-15　高层次人才培训

附图4-16　邱正明研究员授课

附图4-17　邱正明研究员指导拱棚西瓜生产

附图4-18 新品种展示

附图4-19 遮阳网使用

产品（五）

附图5-1　芹菜

附图5-2　辣椒

附图5-3 番茄

附图5-4 乳瓜

附图5-5　茄子

附图5-6　娃娃菜

附图5-7　西蓝花

附图5-8　甘蓝

附图5-9　菜心

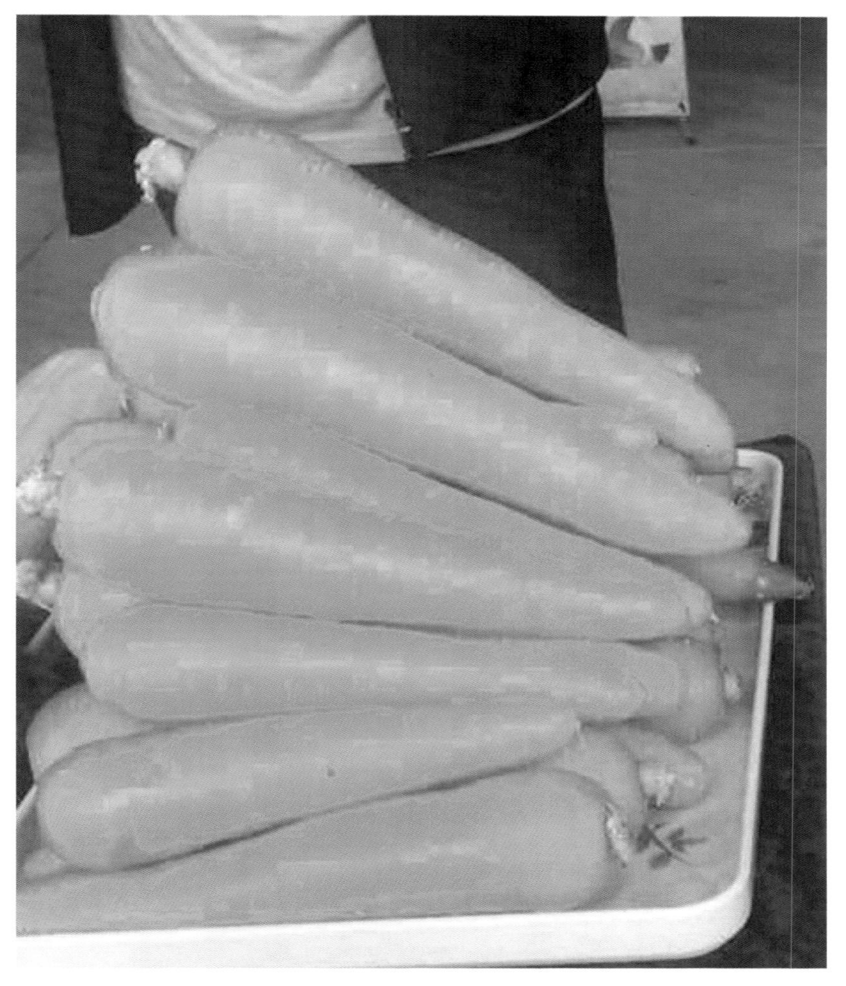

附图5-10　胡萝卜

附图5-11　白萝卜

冷链物流（六）

附图6-1　芹菜田间收割

附图6-2　芹菜装车

附图6-3　芹菜装车外销

附图6-4　菜心分级装箱预冷

附图6-5　红辣椒分拣

附图6-6　辣椒分级装箱预冷

病虫害（七）

附图7-1　芹菜根腐病

附图7-2　芹菜软腐病

附图7-3　芹菜斑枯病

附图7-4　芹菜早疫病

附图7–5　辣椒疫病

附图7–6　甜椒疫病

附图7–7 番茄灰霉病

附图7–8 番茄晚疫病（病叶）

附图7-9　番茄晚疫病（病株）

附图7-10 番茄晚疫病（病果）

附图7-11　黄瓜霜霉病正面

附图7-12　黄瓜霜霉病背面

附图7-13　黄瓜灰霉病（病叶）

附图7-14　黄瓜灰霉病（病果）

附图7-15　黄瓜细菌性角斑

附图7-16　黄瓜白粉病

附图7-17　瓜蚜

附图7–18　茄子黄萎病

附图7-19　大白菜软腐病

附图7-20　娃娃菜干烧心

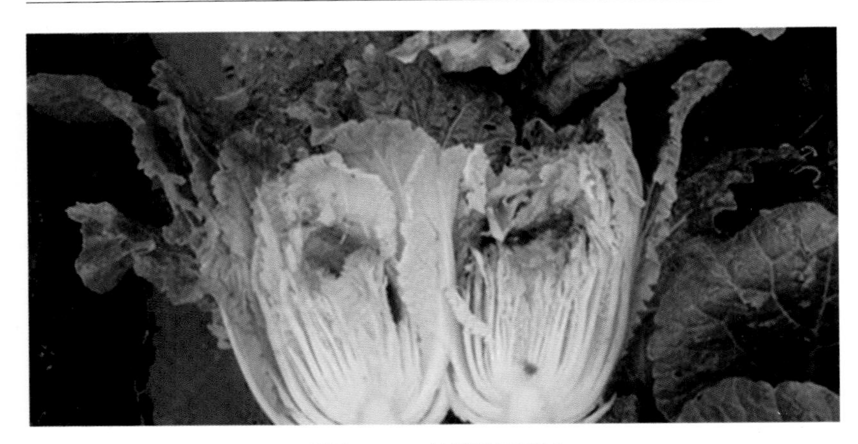

附图7-21　娃娃菜干烧心

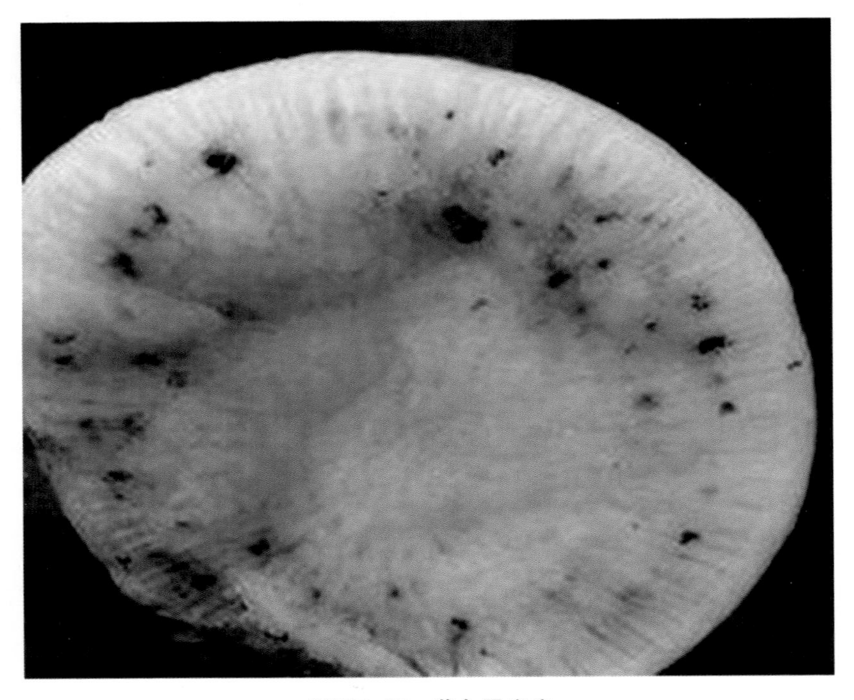

附图7-22　萝卜黑腐病